《畜禽粪便资源化利用技术模式》系列丛书

畜禽粪便资源化利用技术
——种养结合模式

◎ 全国畜牧总站　组编

中国农业科学技术出版社

图书在版编目（CIP）数据

畜禽粪便资源化利用技术.种养结合模式 / 李登忠，杨军香
主编 .—北京：中国农业科学技术出版社，2016.11（2024.1重印）
（《畜禽粪便资源化利用技术模式》系列丛书）
ISBN 978-7-5116-2641-7

Ⅰ.①畜… Ⅱ.①李…②杨… Ⅲ.①畜禽—粪便处
理 Ⅳ.① X713

中国版本图书馆 CIP 数据核字（2016）第 141221 号

责任编辑　闫庆健　段道怀
责任校对　杨丁庆

出 版 者　中国农业科学技术出版社
　　　　　北京市中关村南大街 12 号　邮编：100081
电　　话　（010）82106632（编辑室）（010）82109704（发行部）
　　　　　（010）82109709（读者服务部）
传　　真　（010）82106625
网　　址　http://www.castp.cn
经 销 者　各地新华书店
印 刷 者　中煤（北京）印务有限公司
开　　本　787 mm×1092 mm　1/16
印　　张　9.25
字　　数　219 千字
版　　次　2016 年 11 月第 1 版　2024 年 1 月第 4 次印刷
定　　价　39.80 元

《畜禽粪便资源化利用技术——种养结合模式》

编委会

主　任：石有龙

副主任：刘长春　杨军香

委　员：李登忠　李保明　张克强

主　编：李登忠　杨军香

副主编：李保明　张克强

编　者：李登忠　杨军香　李保明　张克强　董红敏

　　　　程相鲁　袁跃云　康　雷　黄萌萌　战汪涛

　　　　陈明银　石宝庆　胡小山　艾志勇　王立杰

　　　　王秀东　关　龙　马　猛　侯佳奇

前言

近年来，我国规模化畜禽养殖业快速发展，已成为农村经济最具活力的增长点，有力推动了现代畜牧业转型升级和提质增效，在保供给、保安全、惠民生、促稳定方面的作用日益突出。但畜禽养殖业规划布局不合理、养殖污染处理设施设备滞后、种养脱节、部分地区养殖总量超过环境容量等问题逐渐凸显。畜禽养殖污染已成为农业面源污染的重要来源，如何解决畜禽养殖粪便资源化利用问题，成为行业焦点。

《中华人民共和国环境保护法》《畜禽规模养殖污染防治条例》和国务院《大气污染防治行动计划》《水污染防治行动计划》《土壤污染防治行动计划》等对畜禽养殖污染防治工作均提出了明确的任务和时间要求，国家把畜禽养殖污染纳入主要污染物总量减排范畴，并将规模化养殖场（小区）作为减排重点。《农业部关于打好农业面源污染防治攻坚战的实施意见》将畜禽粪便基本实现资源化利用纳入"一控两减三基本"的目标框架体系，全面推进畜禽粪便处理和综合利用工作。

作为国家级畜牧技术推广机构，全国畜牧总站近年来高度重视畜禽养殖污染防治工作，以"资源共享、技术支撑、合作示范"为指导，以畜禽粪便减量化产生、无害化处理、资源化利用为重点，组织各级畜牧技术推广机构、院校和科研单位的专家学者开展专题调研和讨论，深入了解分析制约养殖场粪便处理的瓶颈问题，认真梳理畜禽粪便处理利用的技术需求，总结提炼出"种养结合、清洁回用、达标排放、集中处理"等4种具体模式，并组织编写了《畜禽养殖粪便处理与综合利用技术》系列丛书。

本书为《种养结合模式》分册，共4章，分别为概述、技术单元、应用要求和典型案例。重点对种养结合粪便处理模式的概念意义、工艺流程、配套技术、还田匹配以及推广要点等进行了梳理归纳。书中穿插了大量实际应用图片，并引用了部分典型案例，分析了种养结合模式应用实效，以便于读者理解和掌握。

本书图文并茂，内容理论联系实际，介绍的技术模式具有先进、适用特点，可供畜牧行业工作者、科技人员、养殖场经营管理者及技术人员学习、借鉴和参考。

本书在编写过程中，得到了各省（市、区）畜牧技术推广机构、科研院校和养殖场的大力支持，在此表示感谢！由于编者水平有限，书中难免有疏漏之处，敬请批评指正。

编者

2016 年 3 月

目 录

1

第一章 概 述

第一节 概 念

一、概 念

（一）广义概念

种养结合是种植业和养殖业相互结合的一种生态模式。养殖业是人与自然进行物质交换的重要环节，是指利用畜禽等已经被人类驯化的动物或者野生动物的生理机能，通过人工饲养、繁殖，使其将牧草和饲料等植物能转变为动物能，以取得肉、蛋、奶、皮、毛和药材等畜产品的生产部门。种植业是农业的主要组成部分之一，是利用植物的生活机能，通过人工培育以取得粮食、副食品、饲料和工业原料的社会生产部门。种养结合模式是将畜禽养殖产生的粪便、有机物作为生产加工有机肥的基础，为种殖业提供有机肥来源，同时种植业生产的作物又能够给畜禽养殖提供食源的一种有机结合模式。

（二）狭义概念

简单地说，种养结合模式是养殖场（小区）采用干清粪或水泡粪等清粪方式，液体废弃物进行厌氧发酵或多级氧化塘处理后，就近应用于蔬菜、果树、茶园、林木、大田作物等生产。固体经过堆肥后就近或异地用于农田。鼓励各地借鉴国际上实施的"畜禽粪便综合养分管理计划"的成功经验，根据当地降雨、水系、地形、粪便养分含量、土壤性质、种植作物特点，集成粪便收集、贮存、无害化处理、粪肥与化肥混施、深施技术和设备，全链条实施粪便养分综合利用计划。通过自有土地或土地流转等方式，促进粪便就地还田，充分利用肥水等资源，实现土地配套、种养平衡。

二、有效途径

"庄稼一枝花，全靠粪当家"，传统的农耕方式中，种植业和养殖业是密不可分的。种植业与养殖业的关系，是对立统一的关系，两者相互依存，相互促进而又相互制约。种养结合是土地、种植业、养殖业三位一体的农业生产系统，倡导综合利用自然资源，提高资源利用率和产出率。种植业与养殖业结合是畜禽养殖粪便处理与综合利用的最有效途径，具有以下优点和意义：

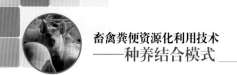
（一）资源转化利用

种植业和养殖业结合的增值作用主要体现在以下 4 个方面：一是养殖业可将农产品转化为具有不同使用价值且价值量更高的畜产品；二是种植业生产的大量有机物质和能量只有 25% 左右能被人类直接利用，其余 75% 除作为动物饲料外基本不具备或完全不具备直接使用价值。通过养殖业转化为畜牧产品，大大地提高了其使用价值和经济价值；三是种植业经过加工的产品如糠麸、酒糟、粉渣等废弃物，唯有通过养殖业转化，提升其使用价值和价值；四是家畜在将饲料有机物质的 15%~30% 转化为畜产品的同时，其余 70% 作为粪尿排泄出去，并以厩肥形式为种植业所使用，从而转化为具有使用价值和价值的农产品。由此可见，种养结合的增值作用是农牧业发展与变化的动力。

（二）减少环境污染

种植业与养殖业各自向对方提供物质、能量，并通过动、植物的生理机能将其转化为营养物质，形成了相互循环的生物链，物质往复循环，生生不息，是生物界的特有功能，也是种植业和养殖业结合的基础。种养结合能够解决畜禽养殖可能带来的污染和历年来畜禽生产中尿液和冲洗水处理的难点，做到了资源化利用。畜禽产生的粪尿流入收集池，经过处理可以使其变成具有一定肥效的肥料，这样既可以节约肥料和水，又能减少环境污染，变"废"为宝，提高利用价值。

（三）有效改良土壤

种植业以农产品形式，每年从土壤中摄取大量氮、磷、钾以及各种微量元素，如果不增加物质、能量的投入，土壤理化性能将会越来越差，土地会越种越贫瘠，最终必然导致农业生产力的衰减甚至崩溃。养殖业提供以粪便为原料的有机肥占有机肥料总量的 62%~73%，能有效改良土壤、提高地力，还有利于促进土壤团粒结构的生成，增强土壤调节水、肥、气、热的功能，同时对提高农田生态系统转化率有着无机化肥无法替代的作用。

（四）优化生态环境

畜禽粪便既是优良的养分资源，又是完美的土壤改良剂。种植业为养殖业提供饲草饲料，使养殖业能够按人们的要求得以正常发展，另外，养殖业将一部分饲料有机质，以厩肥形式返回到农业系统中去。种养结合使农业生态系统所要求的能量流动和物质循环得以正常进行，为农牧业生产循环再生产活动提供了保证，并使之得以持久运转。农牧结合得越好，其物质循环和转化速度越快，数量增长越多，为人类提供的农产品越丰富。此外，种植业和养殖业结合使种植业中人类不能直接利用的废弃物和家畜粪尿得以充分利用，避免了农业和社会环境遭受污染，改善了人类生存空间，这种优化生态环境的作用，是无法以价值量计算的。

（五）满足社会需求

满足社会对畜产品不断增长的需要是发展农牧业生产的最终目的。粮、棉、油、瓜、果、菜等植物产品和肉、蛋、奶、皮、毛绒等动物产品既是人们日常生活的必需品，又是食品加工业、酿造业和轻工业生产的原材料。人类社会对这些动、植物产品的需求随着社会发展会越来越高。这种需求不仅规定了种植业与养殖业的同时存在，而且推动着农业生产的不断发展。从这个意义上讲，种植业和养殖业共同发展的局面将长期持续下去，并朝着形式多样化的方向发展。

（六）促进可持续发展

种植业、养殖业的有机结合，实行农、林、水、草合理的农田布局，增加有机肥的投入量，实行有机与无机相结合，减少无机肥及农药的施用量，同时随着养殖业、种植业的发展，必将促进并推动以农副产品深加工为主有机食品生产发展，形成种养一体化的生态农业综合体系，大大提高农业生态系统的综合生产力水平。实行种植养殖相结合将不断地提高农业生态系统的自我调节能力，最终达到"经济、生态、社会"效益三者的高度统一，有利于农牧业持续、稳定地发展。

第二节 工艺流程

近几年，为实现养殖业持续健康发展，全国各地都在积极探索养殖业转型升级和生态化发展之路，当前我国畜禽养殖业有很多种养结合模式的尝试，并取得了很好的效果。微观上看，这种模式能减少工业饲料和化肥的使用、减少污染和防止疫病传播，进而降低成本和提高收益，并能够提高中小规模养殖场的竞争力；宏观上看，能够制约养殖业规模的无限扩张并减少对大宗饲料原料的依赖和减少饲料原料进口，一定程度上能够提高本地畜禽产品自给率和减少跨地区调运，提高农民收入、提高种粮积极性、减少行业波动。

一、工艺流程

现代化养殖的种类多种多样，甚至可以说每个养殖场都有各自的特点和运作方式，因此针对不同地域、不同气候、不同地形的种养结合也各不相同，常见的种养结合综合利用模式见图1-2-1。粪便处理和还田形式都要综合考虑以下因素：
- 养殖种类、养殖规模和群体结构；
- 饲料情况及结构；
- 养殖形式；
- 清粪方式；
- 耕作种植管理；

- 养殖场周边的地形情况；
- 与水源和邻近单位的距离；
- 粪便处理；
- 利用方式；
- 养殖场未来的发展。

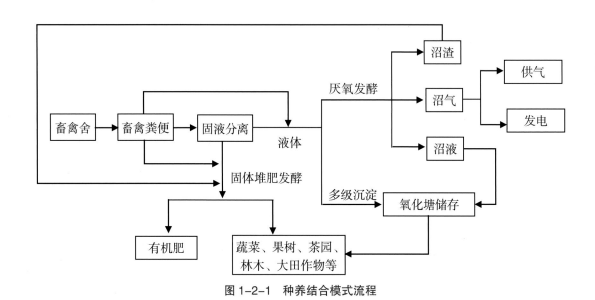

图 1-2-1　种养结合模式流程

（一）规划布局

应用种养结合模式处理畜禽养殖场养殖污染防治问题，首先，在建场初期要考虑养殖规模和场区周边有无与养殖规模相适应的土地消纳畜禽粪便。科学规划畜牧生产布局、规范养殖行为，避免因布局不合理而造成对环境的污染，建场应首先充分考虑当地土地利用规划，以及注意畜牧部门会同土地、环保部门依据《中华人民共和国畜牧法》《中华人民共和国环境保护法》《水污染防治行动计划》《土壤污染防治行动计划》等法律法规并结合城市（村镇）整体规划划定的禁养区、限养区及养殖发展区。其次，要与种植业布局相衔接，考虑周边有无与养殖规模相适应的农作物或果树等种植地。最后，发展方式必须生态化，在实施种养结合生态循环模式发展中，把"相对集中、适度分散、科学规划、合理布局"的选址原则，"适度规模、容量化消纳"规模建场原则，"干湿分离、雨污分流"减量化排放原则，"沼气配套、生物发酵床"无害化处理原则，"种养结合、生态还田"资源化利用原则，作为发展种养结合生态循环模式的行为准则，使上一环节的废弃物作为下一环节的资源，实现种养优势互补和良性生态循环，促进养殖业发展和环境保护相和谐。

（二）粪便收集

畜禽场粪便的产生量因品种、生长期、饲料、管理水平、气候等原因，不同畜禽排泄量差别较大，含水率则差别更大。表1-2-1中为主要饲养的畜禽的排泄量，供参考。不同的畜禽养殖场宜根据实际情况，以实际测量为准。

表1-2-1 畜禽场粪便排泄量估算

序号	类 别	日排粪量（千克/头、只）	序号	类 别	日排粪量（千克/头、只）
1	公猪	2.0~3.0	12	后备鸡（0~140日龄）	0.072
2	空怀母猪	2.0~2.5	13	产蛋鸡	0.125~0.135
3	哺乳母猪	2.5~4.2	14	肉仔鸡	0.105
4	断奶仔猪	0.7	15	泌乳奶牛（28月龄以上）	30~50
5	后备猪	2.1~2.8	16	青年奶牛（9~28月龄）	20~35
6	生长猪	1.3	17	育成奶牛（7~18月龄）	10~20
7	育肥猪	2.2	18	犊牛（0~6月龄）	3~7
8	羊	2	19	24月龄以上肉牛	20~25
9	肉鸭	0.1	20	24月龄以下肉牛	15~20
10	种鸭	0.17	21	驴、马、骡子	10
11	兔	0.15			

畜禽粪便按含水率划分为固态（含水率<70%）、半固态（含水率70%~80%），半液态（含水率80%~90%）、液态（含水率>90%）。清粪工艺对畜禽粪便的含水率影响甚大，畜禽场采用水冲粪工艺和水泡粪工艺，粪便含水率在95%以上（如果不采取固液分离，处理技术难度大，投资高）；采用干清粪工艺，粪便含水率一般在70%~85%。有些畜禽场由于饮水器漏水则粪便含水率高达85%以上，蛋鸡采用重叠式笼养和高床饲养产生的粪便含水率则低一些，肉鸡采用垫料平养，肉鸡出栏时垫料与粪便混合其含水率较低。图1-2-2为按经验估算粪便含水率的示意图，供参考。

含水率	80% 水分	50% 水分	30% 水分
示意图	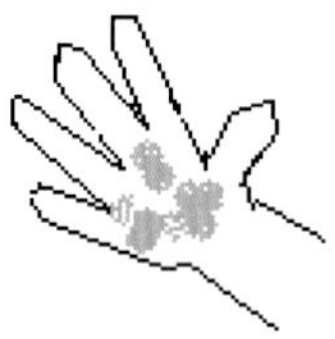	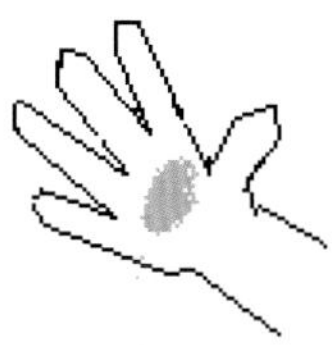	
特征	黏手	可以捏成团	太松散、捏不成团

图1-2-2 用经验估算粪便含水率时的示意

（三）粪便处理

要实施好种养结合，就要对畜禽粪便、尿液和粪水进行综合处理，不能简单地把粪便

运到农田里，那样不仅会污染环境，而且肥效也不好。《畜禽规模养殖污染防治条例》明确规定："畜禽养殖废弃物未经处理，不得直接向环境排放。"养殖场必须将产生的粪便处理后才能施予农田。未经腐熟的农家肥往往含有大量的病菌虫卵，容易引起农作物根系病虫害；未经腐熟的农家肥养分多呈有机态，不容易被农田、果树等作物吸收，造成肥料损失。同时，未经腐熟农家肥在土壤中经过微生物发酵和分解时，会产生大量热量，容易烧根烧苗。

养殖场一般将粪便进行干湿分离，固体干粪在堆粪场或粪便处理池中进行发酵腐熟，液体粪水经过沼气发酵处理、多级氧化塘或污水处理设备处理后用于农田、林地中。

（四）利用

养殖场将收集的粪便进行处理后，基于粪水是液体肥料，运输比较困难，且成本较高，提倡就近利用。在农业生产中南方和北方气候条件及农作物生长阶段需肥量不一样，肥料使用具有季节性，养殖场还应有足够的设施对非施肥季节的肥料进行贮存。不同性质粪便利用方式见表1-2-2。

表1-2-2　不同性质粪便利用方式

形态	浓度（含固率）	常见利用方式
固态	>30%	固粪可以使用滑移车、拖拉机推粪车或机械刮板进行收集、清理。传统箱式抛撒车可以用来对其进行固粪还田。抛撒车的抛撒机构有螺旋钻
半固态	20%~30%	半干粪可以使用活塞泵进行泵送，也能用螺旋搅龙进行转移，或者使用和固粪相同的设备进行收集。带密封围板的箱式抛撒车可以用来进行半干粪还田。连枷式或V型底抛撒车通常可以保证更均匀地抛撒半干粪
半液态	10%~20%	粪浆可以使用离心泵、活塞泵、螺杆泵以及齿轮式容积泵进行泵送。粪浆还田大多采用直接注入、或罐车抛撒等方法用在农作物田地中
液态	<10%	通过正确的管理和筛分，可以用液体泵对粪水进行处理。常采用直接注入、罐车抛洒或浇灌设备对粪水进行还田

1. 腐熟的肥料

腐熟的肥料可直接用车辆运输到农田、林地中，施予农田当作底肥，也可通过人工或机械抛撒当作有机肥追肥。固体肥料运输较为方便，因此也不限于地域远近等因素。

2. 粪水

养殖场经过处理后的粪水，可通过管道或槽罐车运输施予农田、林地，如图1-2-3。可综合考虑养殖场周边地形地势，将处理过的粪水泵至高处，利用重力自然输送；平原地区可用增压泵或建立高塔增加输送压力，通过管道输送；或通过购买或改装畜禽粪便专业运输车，直接运输。

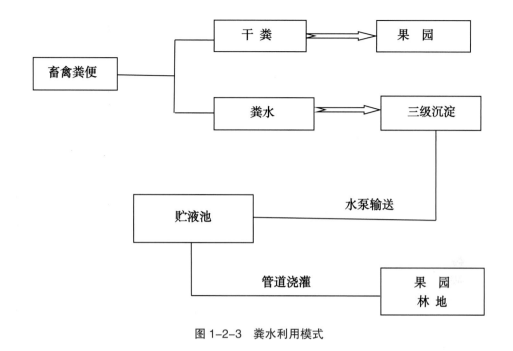

图 1-2-3　粪水利用模式

二、具体模式

（一）堆肥还田模式

粪便还田是最传统、最经济的粪便处理方式，适用于农村、有足够农田消纳养殖场粪便的地区，猪、牛、鸡、羊等养殖场可采取"农作物秸秆—青贮（氨化）—饲养—粪便（堆肥）—农作物"种养结合利用模式，见图 1-2-4 通过种植饲草饲料作物，经过加工给养殖场提供饲草料，再将畜禽产生的粪便经过处理后还田，实现了农业生产的良性循环和农业废弃物的多层次利用，并体现了"秸秆资源化，粪便无害化"的优势。

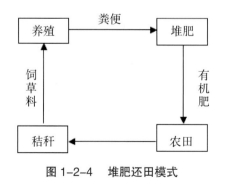

图 1-2-4　堆肥还田模式

（二）氧化塘处理模式

利用氧化塘的藻类共生体系以及土地处理系统或人工湿地中的植物、微生物净化粪便中污染物，可以利用荒废的河道、沼泽地、峡谷、废弃的水库等地段，利用黏土层或修建覆膜式人工氧化塘，其污水处理与利用生态工程的基建投资约为相同规模常规污水处理厂的1/3~1/2。氧化塘处理后的粪水，可用于农业灌溉，也可用于水生植物和水产的养殖。图1-2-5为氧化塘处理模式。

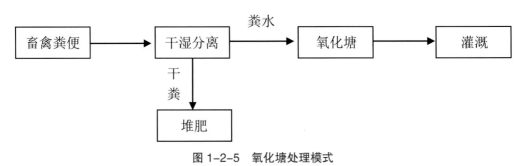

图 1-2-5　氧化塘处理模式

（三）沼气工程模式

沼气技术是依据生态学原理，以沼气池建设为纽带，将养殖业、种植业、生活与生产有机肥结合起来，通过优化和充分利用土地、设施、粪便、太阳能等资源，使农业生态系统内使各种物质达到良性循环，多级转换利用，实现农业生产的优质、高效、低耗。简单地说，就是养殖场通过建沼气池，把粪便、秸秆等废弃物排入池内，进行厌氧发酵，产生沼气、沼液、沼渣，沼气可供发电发热，沼液和沼渣再经过处理后还田，为种植农田、蔬菜、果园提供肥料。图1-2-6为以沼气工程为核心的处理模式。

1. 沼气工程—还田模式

沼气工程还田模式是一种典型的种养结合模式。根据清粪工艺的不同，沼气工程还田模式存在一定的差异，大部分是将粪便通过固液分离，固体直接用于还田或堆肥后还田，分离后的粪尿冲洗水通过封闭管网进入沼气工程，沼渣沼液用于还田。还有一部分采用水冲粪和水泡粪工艺的猪场，也可将混合粪便直接用于厌氧消化，产生的沼渣、沼液进行还田处理。

根据粪水中的养分含量和作物生长的营养需求，将粪水无害化处理后进行施用，可充分循环利用粪便中的营养物质，避免了直接施用容易引发的烧苗和烂根等问题，同时在发酵过程中能杀死病原菌和寄生虫卵，保障了肥料的安全性。有研究人员对比分析了鲜猪粪和沼渣的养分含量和病菌量，结果表明沼渣中的蛔虫卵死亡率达到99%，未检出大肠杆菌，与鲜猪粪相比，营养元素没有损失，可作为充分腐熟的优质有机肥施用。

该模式适合于周围有足够自有土地来消纳沼液或与周边农户签订肥料使用协议的规模养殖场，特别是周边种植常年施肥作物，如蔬菜、经济作物的地区。一般来说，每5头

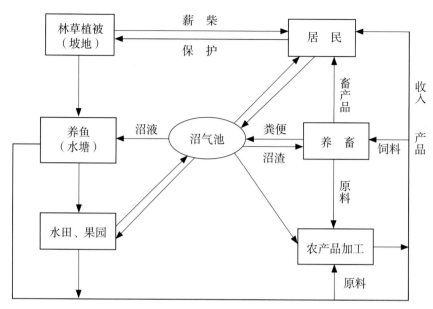

图 1-2-6 以沼气工程为核心的处理模式

猪（出栏）需要配套 1 亩（1 亩 ≈ 667 平方米。全书同）地进行消纳。实施种养结合模式能够消除元素间的拮抗作用，更有利于作物的生长和土壤管理。我国已经形成了典型的"猪—沼—果"模式，如图 1-2-7，并逐步扩展形成了具有地域特色的农—林—牧—渔生态农业体系，如"猪—沼—草 / 林 / 菜 / 茶"等模式。

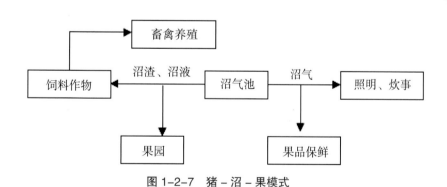

图 1-2-7 猪 - 沼 - 果模式

2.沼气工程—粪水好氧处理模式

沼气工程厌氧处理可实现 COD、BOD、SS 的去除，但对有些高氮、磷含量的猪场粪水仅通过厌氧处理不能实现达标排放和利用要求。粪水好氧处理作为沼气工程的互补配套处理技术，可实现规模猪场粪水的达标排放，减少环境污染。好氧处理方法很多，工艺成熟可靠，包括活性污泥法、接触氧化法、生物转盘、氧化沟膜生物法等，不同的工艺对氮和磷的处理效果存在显著差异，如图 1-2-8。有研究人员研究了"T"型氧化沟对猪场粪水厌氧出水的处理效果，结果表明其处理出水的 COD、BOD、氨氮和 SS 均能达到《畜禽养殖业污染物排放标准》(GB 18596—2001)，但对磷的平均去除率仅为 43.9%，效果不理想，无法达标排放。另有研究人员采用 SBR 处理猪场沼液，出水水质基本能达到国家排放标准，其进水碳 / 氮和溶解氧是影响 SBR 脱氮效果的重要参数。也有采用延时曝气活性污泥法处理沼液，出水可达到《污水综合排放标准》(GB 8978—1996)的二级标准，可用于农田种植和灌溉。

该模式适用于水冲粪和水泡粪工艺的规模猪场，具有处理效果稳定、适应性广、不受地理位置和气候条件限制等特点，适用于地处大城市近郊、经济发达、土地紧张、没有足够农田消纳粪便的地区。这种模式需要较为复杂的机械设备和较高要求的构筑物，其设计、运转需要具有较高技术水平的专业人员来执行，规模较小的养殖场在经济上无法承受，适合于中等规模以上的养殖场，如出栏 5 万头以上的猪场。在应用过程中，大多数处理方法因投资大、运行能耗高而不易推广，一些养殖场由于资金限制，会简化污水处理设施或只进行简单处理，影响了处理效果。因此，在工艺选择时需结合养殖场的经济条件、养殖场污水规模以及出水标准和用途进行选择。

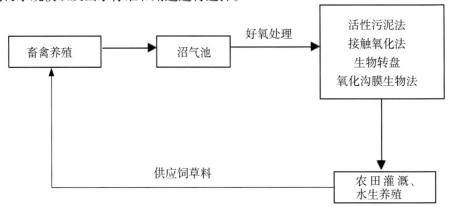

图 1-2-8　沼气工程—好氧处理模式

3. 沼气工程—自然生态处理模式

沼气工程—自然生态处理模式是一种合理利用生物链关系，实现粪水多层次利用的以沼气技术为主的种养结合模式，如图 1-2-9。自然生态处理可作为沼气工程的后处理技术，包括土地处理系统、氧化塘以及人工湿地等。美国、澳大利亚、东南亚一些国家以及我国的南方部分地区大多采用这种模式。

自然生态处理系统的面积、深度和级数需根据粪水水质、地理气候条件以及利用方式等而定。相关研究表明，氧化塘主要通过硝化作用和藻类吸收去除氨氮，通过沉淀作用去除 COD 和 TP，其氨氮、COD 和 TP 的去除率可达 90%、50% 和 40%；氧化塘越深，单位面积去除负荷越高，在实际应用中，可在容积一定的条件下增大面高比来获得更好的处理效果，在常年温度较高的地区，可适当降低氧化塘深度。另有研究表明单级氧化塘对 SS、COD、TN、NH_4^+-N 和 TP 的削减率为 63.4%、40.9%、31.9%、27.7% 和 89.1%，但三级氧化塘以上 5 个指标的削减率显著提高，分别为 81.1%、83.3%、96.2%、98.2% 和

96.8%。因此，氧化塘可设置几级处理，氧化塘面积和滞留时间逐级增加，用户可根据不同作物的生长需要选取不同出水进行使用，出水水质达到《畜禽养殖业污染物排放标准》（GB 18596—2001），可用于农田灌溉、养鱼、种植莲藕等水生植物。

自然生态处理可作为厌氧处理和好氧处理的深度处理工艺。氧化塘结合绿化工程是厌氧后续处理的有效方法之一，具有良好的环境效益和生态效益。该模式适用于距离城市较远，经济欠发达，气温较高，土地宽广且价低的区域。饲养规模不能太大，一般年出栏在5万头以下为宜，以人工清粪为主，水冲为辅，冲洗水量中等。该模式运行简单，能耗低，滩涂、荒地、林地、低洼地或水面可直接作为自然生态处理系统。同时需考虑养殖场周围的土地配套问题、自然条件尤其是季节温度变化对处理效果的影响、长期利用对地下水污染问题、处理后的利用等因素。

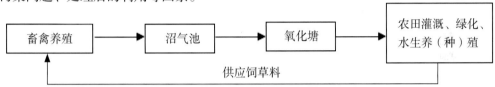

图 1-2-9　沼气工程—自然生态处理模式

4. 沼气工程—组合模式

在实际应用中，可以因地制宜选择一种模式或将其进行组合，我国规模化养殖场多数建在远离大城市的郊区或村镇，饲养规模不大，在工艺选择时，应尽可能选择与养殖场周边环境配套的工艺方案，注重经济适用性、运行操作简便性以及后续产品的综合利用性。表 1-2-3 对以上 3 种以沼气技术为主的种养结合模式进行了对比分析。在有充足自有土地的条件下，应优先采用沼气工程—还田模式，最大限度地实现养分的资源化利用，也可配套结合自然生态处理或工艺较为简单的污水好氧处理工艺，作为后续处理，在实现经济效益的前提下，实现环保效益的最大化。

表 1-2-3　以沼气技术为主的 3 种种养结合模式对比分析表

项目	沼气工程—还田模式	沼气工程—自然生态处理模式	沼气工程—粪水好氧处理模式
适合清粪工艺	冲洗水量小的工艺—干清粪	冲洗水量中等的工艺——干清粪、水冲粪	冲洗水量大的工艺——水冲粪、水泡粪
适合养殖规模	小	中	大
投资及运行成本	自有土地——小 租用土地——高	自有土地——小 租用土地——中等	高
技术要求	低	低	高
回收期限	短	短	长
占地面积	小	大	小
处理效果	中等	低	高

项目	沼气工程—还田模式	沼气工程—自然生态处理模式	沼气工程—粪水好氧处理模式
经济效益	高	低	低
资源化程度	高	低	低
工艺种类	少	少	多且复杂
受气候条件影响	中等	大	小

（四）有机肥加工模式

主要对资金、技术实力比较雄厚的大型养殖场或养殖园区，配套一定面积的综合性农、林、渔业生产区域，通过生物工程处理方式，将畜禽粪便分别转化成有机肥料、生物蛋白、沼气能源等，配套用于周边的种殖业，实现局部区域内资源循环、生态平衡。养殖场经过粪便收集、干燥、发酵、添加、制粒、灌装等过程，可根据用户需求生产专用高档有机肥，如图1-2-10。有机肥生产可实现商品化，生产成袋装、罐装和桶装液体肥，便于长距离运输。

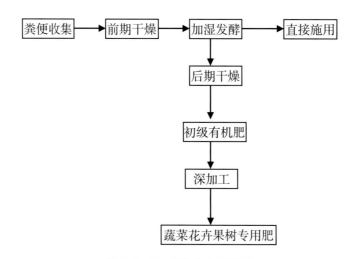

图1-2-10　有机肥加工模式

（五）发酵床＋有机肥加工模式

一些大型猪场、牛场采用固液分离技术，将干燥的粪便、菌种、锯末等混合后，作为生物发酵床可处理每日的养殖粪便，实现零排放。生物发酵床的垫料收集后可用作种植蘑菇等基料。一般9~24个月更换一次垫料，更换的垫料可加工成有机肥施予农田，实现种养结合。

发酵床技术是基于控制养殖粪便排放的一种养殖模式，可减少用水量约2/3。有研究人员进行了不同垫料（粉碎玉米秸秆、花生壳、锯末）发酵床养猪效果的研究，结果表明不同垫料的发酵床饲养组较常规水泥地面饲养组明显提高猪的生长性能及免疫效果，利用玉米秸秆和花生壳做垫料能明显提高猪的增重率和饲料利用率。另有研究表明，发酵床可以分解畜禽养殖产生的粪便，并促进微生物氮和可溶性氮的产生，这些氮在翻拱过程中被食入，可减少饲料中氮的添加，提高猪的增重率和饲料利用率。但在我国南方地区夏季高温高湿，在应用发酵床技术时存在一些问题，如发酵过程中产生的热量导致温度过高，致使生猪生长过程要忍受自然和发酵的酷热；所需垫料消耗比较大，导致养殖成本过高，管理不便且消毒麻烦；消毒产生的有害气体对生猪产生毒害作用影响其生长育肥。

发酵床使用 1.5~2 年后，可对垫料采用高温堆肥处理方式，制成有机肥料，实现发酵床垫料的无害化处理和资源化利用。有研究人员对山东、吉林两省 5 个发酵床猪场使用 2~4 年的废弃垫料（锯末和稻壳）进行了测试分析，结果表明发酵床废弃垫料富含有机质、氮、磷和钾，具有有机肥料的基本性质，重金属和四环素类抗生素含量在安全范围内，但大肠杆菌群和肠道寄生虫卵超标，具有生物安全隐患且盐分含量较高，直接施用存在安全风险和土壤次生盐渍化危害，需进行无害化处理。另有研究人员将发酵床垫料采用 1.6 米 × 1.2 米 × 0.8 米的规格进行条垛堆肥，经测定 30 天可达腐熟，腐熟时垫料 pH 值为 7.23、有机质含量 37.81%、全氮含量 2.49%、全磷含量 3.68%，总养分含量达到 7.59%，符合《有机肥料》（NY 525—2012）的规定。

第三节　国内外概况

一、国内概况

在传统农业生产中畜禽粪便一直是农田肥料的主要来源，但随着农业生产技术的快速发展和化学肥料的使用，畜禽粪便因使用不便和养分含量相对较低而逐渐被弃用。同时，传统养殖逐步向规模化转型的养殖发展模式也使畜禽粪便在较小范围内大量、集中产生，其得不到充分利用，堆放、外排处理不当，容易造成污染，主要表现为对空气、水体、土壤造成污染。如不做无害化处理，不仅会造成大量蚊虫孳生，而且还会成为传染源，造成疫病传播，影响人类和畜禽健康。

我国养殖业正处于传统养殖业向现代养殖业转型时期，现代养殖业在发展历程中还处于初期阶段，规划布局正在逐步趋于合理，小型养殖场和散户饲养规模群体依然十分庞大。动物排泄物是必然产物，畜禽养殖更无可避免地产生排泄物和废水。以上海市为例。从 1991—2004 年，畜禽养殖污染治理经历了 3 个阶段。① 简易治理阶段（1991—1998年），主要采用固体粪便还田、发酵产沼，尿液以三格化粪池、氧化塘等工艺为主进行治理。② 二级生化达标治理阶段（1999—2001 年），主要采用固体粪便还田、有机肥加工、尿液应用 SBR、A/O、接触氧化、生物滤池等二级生化达标治理。由于种种原因，绝大部分场不能达标运行，很大部分改为还田型治理模式。③ 综合治理阶段，2002 年以后提出通过逐步削减养殖规模，关闭一批敏感区域内污染严重的畜禽养殖场；建设有机肥中心带动一批畜禽养殖场的污染治理和规范畜禽粪便还田技术就地处理等综合治理措施。上海

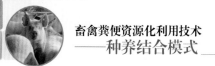

市10多年来的禽畜污染治理实践是一个不断摸索的过程，当前污染治理投入高，效益低，资源未充分利用，畜禽污染防治问题并没有得到根本解决。但也给人们一定的启示：只有资源化循环综合利用才是根本解决问题之路。

随着社会生产力水平不断提升，机械化自动化水平不断提高，技术水平不断上升，通过社会资金的流动、土地资源的整合、畜禽养殖业的规范，畜禽粪便污染问题将会得到解决，畜禽粪便处理与综合利用的难题将被破解。就目前而言，粪便及废弃物成为污染源的主要原因有以下几点：

（一）种植业和养殖业逐渐分离

传统养殖业以放养为主，圈养为辅，养殖主要集中在农区和牧区，周边都有土地消纳畜禽养殖产生的粪便和尿液。随着市场经济的发展和人民生活水平的提高，人们对肉、蛋、奶等畜产品需求量越来越大，以农区、牧区为主的畜禽养殖业逐渐向乡镇和城乡结合部转移，随着我国城镇化发展的不断扩张，种植业和养殖业逐渐分离，养殖场周边可供消纳畜禽粪便的土地越来越少。而随着农业农村生产方式和生活方式的改变，农业生产更多地依赖化肥的大量投入，畜禽粪便逐步失去了原有的用途。

（二）集约化经营程度上升阶段

传统的农耕方式中，畜禽粪便作为宝贵的肥料资源还田利用，不会造成污染。我国传统养殖业规模小，仅作为一种家庭副业来经营，所以污染影响不大。近年来随着现代养殖业的发展，养殖方式和经营方式发生转变，养殖业集约化程度越来越高，饲养规模较大，产生的粪尿等排泄物数量大、总量多，处理难度也随之变大。大量畜禽粪便的随意排放会导致硝酸盐、磷及铜、锌、铅等重金属污染土壤、地表和地下水等情况发生。目前农田肥力主要靠施用化肥来补充，畜禽粪便用作农田肥料比重大幅度下降，粪便被乱堆乱排的现象越来越普遍，加重了对环境的压力。越来越多未能及时处理的粪便不仅占用大量土地，而且已经成为不可忽视的生态和环境保护问题。如不及时处理，随时都能对人类和畜禽环境造成严重污染。

（三）有机肥使用率低

粪肥可以向土壤提供和工业化肥一样的养分。但与之不同的是，粪肥使用最大的挑战在于其结构形式和组成比例，这造成了整体施用起效过程较长，短期内效果不如化肥明显。由于畜禽粪便制作的有机肥使用率低，大部分农村仅将腐熟的粪便当作底肥施用农田，造成大量优质有机肥无用武之地，成了放错位置的资源。而长期施用化肥会使土壤中有机质水平不断下降，据报道，吉林省的黑土地土壤有机质含量已从新中国成立初期的8%下降到现在的不足2%，黑龙江省农村土壤有机质平均含量也在持续下降。

（四）对污染防治不够重视

畜禽养殖有利于促进农村经济建设，提高农牧民收入。但是地方政府往往容易忽视对生态环境的保护，没有意识到畜禽养殖污染所带来的环境隐患。以前我国畜禽养殖规模小，监管力度不大。畜禽养殖用地在制定当地土地利用规划时并没有充分考虑粪便处理与综合利用问题，造成养殖布局规划不合理，再加上我国对畜禽粪便处理技术相比发达国家还比较落后，对畜禽粪便的收集、处理和综合利用的技术及相关设备都没有很好的配套，专业人员缺少，使畜禽养殖粪便处理和综合利用难度加大。

（五）农产品品质认识不到位

石油能源、农药、化肥的使用量不断增加，传统的循环农业生产工艺已经被遗忘，为追求高产在减少施用农家肥的同时大量使用农药化肥。农产品的内在品质逐渐被忽视，以有机食品为例，因为久居城市，很多消费者对于农业缺乏认知，对于有机食品的生产过程一知半解。另外，生产有机食品也需要大量的现代农业科技，例如微生物发酵技术、堆肥沤肥技术等，目前在有机农业的实践中，还缺乏系统化的技术研究。综合因素导致畜禽养殖生产加工的有机肥无用武之地。

畜禽粪便本身不是污染物，是农业生产中的有机肥资源，其对环境排放超过一定限度才能引起环境污染。因此，提高畜禽粪便资源化利用程度，降低其环境排放是畜禽污染防治的基本出发点。围绕转变养殖业生产方式，按照"养殖集中化、粪便资源化、污染减量化、治理生态化"的思路，致力于发展资源节约型、环境友好型现代生态养殖业，把种植与适度的规模养殖有机结合起来，这才是农牧业的真正转型升级，既消纳了粪便，消除了污染，实现了农牧"副产品"的综合利用，又改良了土壤，保障了农牧产品的质量安全。因此，当前的种养深度结合、循环发展可以说是一种升级，这也符合了事物波浪式前进、螺旋式上升的历史发展规律。探索建立种养结合模式，有效地解决了规模养殖的排泄物治理问题。由于我国大多数农业区四季分明，冬冷夏热春秋温和，属典型的种养结合区。种植业通过作物的光合作用生产出养殖业所需的各种食料，养殖业以种植业的农副产品为饲料生产出人们所需的肉蛋奶等高级食品，同时排泄出的粪便经过发酵后还给农田作为有机肥料被作物吸收利用，形成物质能量互补的生态系统、农业系统，势必将成为我国养殖业发展的趋势。

二、国外概况

（一）美国

为实现种植业和养殖业可持续发展，保护生态环境，减少畜禽养殖粪便对环境和公共健康影响，美国实施综合养分管理计划（CNMP），加大项目投入，加强畜禽养殖污染治理，成效显著（详见第四节）。

经过十多年的发展，CNMP对美国畜禽养殖战略措施的实施做出了巨大的贡献，其优势总结如下：一方面，它是一个动态的养分管理方案，可根据饲养场的实际运行情况进行调整。养分管理是CNMP中一个重要且复杂的环节，尤其是氮、磷、钾等养分的有效利用和转移。美国农业部和环保署在为动物养殖经营制定的统一规范中，规定了可采用土

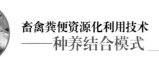
壤测试作物反应法、土壤环境磷临界值法和磷指数法3种方式对农场管理与农场经济产生影响的磷素养分管理措施，根据不同的指标确定养分管理措施推荐施用量。通过专业的分析和评价，及时调整施肥策略实现畜禽养殖生产和环境保护的双赢目标。另一方面，具有强大的政府支持、严格的实施程序、专业的技术援助和评价体系。美国257 201个养殖场的CNMP总投资为195亿美元(10%用于CNMP开发和技术援助，90%用于实施CNMP)，而按照10年计算，平均每个养殖场的投资为76 000美元，其中粪便和污水的处理及储存占据了较大的比例，但大多数资金可从政府申请获得。除此之外，每一个养殖场的CNMP都经过严格的申请、调研、规划、许可、培训、评价等多个环节，兼具共通性和特殊性，确保了每一个CNMP都可顺利实施。

美国农业法案（Farm Bill）资源保护和环境项目中设立环境质量激励项目（Environmental Quality Incentives Program）为CNMP提供资金和技术援助，其60%的资金都是为畜禽养殖场预留。项目补贴额度较高，可达到成本的75%，而且对社会弱势群体、有限资源地区、初始经营者和复员军人经营者补贴可高达90%。2003—2012年美国共制定CNMP 8015个，每个计划平均投入4 000美元。在此期间，EQIP项目投入在废弃物管理系统、废弃物贮存设施、死畜禽处理设施、堆肥设施、废弃物设施覆盖、废弃物利用、运输、污水处理、污水和养殖场径流控制等方面的资金总投入5.48亿美元。资金使用效率也逐年提高，2002—2007财年EQIP项目支付给同一畜禽养殖场的资金不超过45万美元，2008年以后，每个6年期项目的支付资金额不超过30万美元。截至2012年，实施CNMP的养殖场达到257 201个，占美国畜禽场总数一半以上，其中以小规模养殖场居多，占比达77%。

畜禽养殖污染目前也是我国农业环境的突出问题。对比我国畜禽养殖污染治理实践，美国成功实施CNMP的经验有5个方面值得借鉴。

一是引进综合养分管理理念，大力发展种养结合生态循环农业。我们要引进美国综合养分管理的理念，学习规模化种植养殖综合养分管理的经验。以畜禽养殖污染防治条例实施为契机，研究出台土地政策，支持种养结合，以农田、林地、草地和园地作为粪肥的消纳场所计算粪肥容量，大力发展适度规模畜禽养殖场。

二是为养殖场提供技术支撑，开展实施技术援助认证项目。开发中国及省CNMP培训课程；认证一批专业人士从事技术援助服务，按照CNMP国家和各省（市、自治区）统一要求开展计划制定、养分管理和实施记录等6大方面的服务，形成政府主导社会共同参与的技术推广机制。

三是加强农田土地及养分管理，防止粪肥造成二次污染。我国具有悠久的保护性耕地历史经验，挖掘一批传统耕地保护的做法，再学习引进一些国外现代土壤保护做法，形成适合我国农田保护指南和标准；将粪肥使用纳入农田养分管理计划，确保粪肥施入农田后不会造成二次污染。

四是引进美国粪肥施用先进设备，提高机械化、自动化水平。引进液体粪肥注射施用设备，将国内沼渣沼液施用管道由硬管变软管，通过注射施用实现沼液深施，节省开支并且提高效率，减少养分损失和臭气影响。

五是加强源头饲料管理，实现粪便数量和养分减量化、低污染。根据不同动物种类以及不同生长发育阶段调整饲料成分和配比，从而减少粪便的产生量、养分含量及臭气、温室气体、重金属和病菌等有害成分，实现源头减排。

（二）加拿大

加拿大对畜禽粪便的治理以畜禽粪便的利用为主，养殖业与种植业高度结合，养殖场生产许可证核发严格，控制了污染源头，基本实现了污染物零排放。加拿大各省结合辖区实际情况，制定了《畜禽养殖业环境管理技术规范》作为畜禽养殖污染防治管理的地方强制性技术文件。在畜禽养殖场建设的管理中，要求养殖场与领近建筑物必须满足技术文件要求的最小间隔距离，存栏畜禽超过 300 个畜单位需定期上报饲养畜禽情况和场内水、土壤样品，政府每年到养殖场取深井水样检查粪便污染情况，一旦发生污染事故，将由地方环保部门根据《联邦渔业法》及本省有关法规条款进行处罚，要求农场主必须制定营养管理（内容包括畜禽养殖场对粪便的贮存、使用所采取的措施等）计划，要求粪便处理设施符合环境管理技术规范要求，要求养殖场周围必须有充足的土地消纳畜禽粪便，倘若本农场没有足够的土地消纳粪便，必需与其他农场签订粪便使用合同，以确保畜禽粪便全部有效利用，要求因地制宜规范畜禽粪便施用方法、施用量、施用次数和施用周期。

（三）欧洲

欧洲国家拥有完善的社会管理体系，兽医和兽药均由国家管控，源头保障食品安全；动物饲养量均由国家根据市场需求而定，有效解决了市场供需平衡和价格问题；养殖规模则由农场土地面积决定，种养结合，养殖场粪便由"废"变"宝"，较为彻底地解决了养殖污染难题，实现了种植业和养殖业的循环可持续发展。

1. 丹麦

丹麦大多数农场均采取种养结合模式，畜禽粪便及废弃物通过发酵处理后作为天然有机肥料施入农田，规定裸露土地施用粪肥必须 12 小时内将其犁入土壤中，在冻土上或有冰雪覆盖的土地上不得施用粪肥。为了防止农场养殖规模过大对环境造成负面影响，丹麦法律规定，农场家畜存栏数量达到 500 个家畜单位时，需进行环境影响评估，根据评估结论决定是否扩大规模。

2. 荷兰

荷兰养殖业高度密集，严格限制农田畜禽粪便施用量。2002 年开始采取畜禽粪便处理协议机制，协议要求产生畜禽粪便量过大的农场必须采取种养结合或与加工商签订粪便处置协议，否则该农场必须减少畜禽饲养数量或变卖农场。荷兰法规规定喷洒在耕地或者草地上的畜禽粪便废水必须在 24 小时内溶入，一旦确定耕地施肥量足够，必须将多余的粪便污水运至粪便需要量不足区域或其他农场。当田地无农作物或因季节影响农作物不能吸收营养物时，不得施用粪便。同时还规定永久性禁止向冰冻或雪覆盖的土地施用粪便。荷兰开发了一套粪肥交易系统，农民可以通过此系统卖出或买入粪肥处置权，拥有闲置容量的农民，可以将多余的施肥权卖给有需要的农民。

3. 英国

英国1971年立法规定，粪便直接排到地表水为非法行为。1987年颁布的《水清洁法案》对控制畜禽粪便流失作出明确规定。为了与土地的消纳能力相适应，英国对大型畜牧场的养殖数量进行规定，如限制1个畜牧场最高饲养指标为奶牛200头、种猪100头、肉牛1 000头、绵羊1 000只、肥猪3 000头和蛋鸡7 000只。

4. 德国

德国规定畜禽粪便不经处理不得排入地下水源或地面，集约化畜禽养殖场建设前需要经过严格审批，其管理严格程度甚至超过对工业的管理。如对集约式畜禽养殖场规模进行严格控制，凡是涉及城市或公共饮水区域，规定每公顷土地上允许饲养家畜的最大量不得超过规定。限定畜禽养殖场粪肥中氮、磷、硫的年产生总量。甚至要求必须在冬季减少畜禽存栏量以适应环境容量的季节变化。

第四节　美国畜禽粪便综合养分管理计划（CNMP）

一、概　述

随着畜禽养殖生产率的提高，美国养殖场集约化程度不断提高，养殖废弃物也日益成为美国环境突出问题。为实现在农业生产的同时满足自然资源保护的目标要求，减少畜禽养殖对环境和公共健康的影响，1999年，美国联邦环保总署和美国联邦农业部协商，联合发布了畜禽养殖场统一国家战略（Unified National Strategy for Animal Feeding），在此战略中首次提出规模化养殖场要实施综合养分管理计划（CNMP）。该计划是针对水、土壤、空气和动植物资源所做的保护措施和资源管理，其目的是通过管理活动和保护措施的结合，解决规模化养殖场生产和环境所关心的问题，通过实施CNMP确保设定的施用粪便中所含养分（氮磷钾）与作物需求平衡，帮助农场主将畜禽粪便作为有用的资源进行利用，实现生产和自然资源保护双赢。

二、管理与适用对象

CNMP在国家层面上由美国农业部自然资源保护局和农业服务局负责，在州立层面由各州自然资源保护局负责，县级层面由地方机构土壤与水保护区负责。CNMP计划适用于所有采用水泡粪系统的大型集约化养殖场和不能在指定地点消纳粪便的大型干清粪养殖场和中型养殖。技术服务提供者是CNMP制定和实施的重要技术支撑和支柱，美国农业部自然资源局设立CNMP技术服务提供者认证项目，提供3天的培训课程，主要以主题演讲的形式讲解CNMP开发过程，而每个CNMP项目的开发需要委托认证后的技术服务提供者进行。

三、基本内容

CNMP 计划的建立需要在经过专业训练、取得专门资格的专业人员指导下开展，同时也需要得到养殖生产者的认可和协助。一套完整的 CNMP 计划由 6 个主要部分组成，不同项目根据实际情况有所侧重，在实施过程中，生产者对每个部分的现状和变更都需详细记录（具体措施见表 1-4-1）。

表 1-4-1　综合养分管理计划内容

项目	具体措施
地址信息	经营者姓名、电话号码及地址，畜禽养殖地址；场区布局草图、平面地图或当地附近地图
生产信息	动物种类、动物生产时期、每种动物限制生存在养殖场范围内的时间 该地区生产时期动物数量及平均体重；该地区粪便和粪水量，粪便储存方法、数量以及时长
许可证	经营许可证，肥料使用许可证，监察和评估记录
土地利用信息	综合养分管理计划准备时间，书面肥料使用协议，土地利用图纸，土地所有者姓名、地址、联系电话，地区位置（包括周边水域及其它情况描述） 该地区氮、磷损失等潜在风险评价，土地治理计划，能够提供的处理水平
肥料施用计划	作物种类、实际产量目标、预计的养分使用量、施肥设备描述和施肥方法，预计的施肥季、每一季施肥天数，满足氮、磷容量限制的施肥范围
生产活动记录	土壤测试，每种粪便储存设备需每年进行测试 目前或计划的作物轮作，养分施用期间的天气状况，施肥的土壤湿度条件，作物收获季节实际产量，肥料施用系统检测记录

1. 饲料管理

饲料管理的目的是减少畜禽粪便中养分含量，从而减少消纳粪便的土地，降低对环境影响。饲料管理的目标是获得畜禽饲养过程中氮、磷、铜、锌等的排泄概况，掌握各种畜禽营养需求的变化。鼓励农场生产者从州推广服务中心、当地大学、农业部农业研究局、联邦动物科学学会、美国注册的专业动物科学家或其他合格的技术实体获得具体的节省饲料、减少养分排放的管理策略。

2. 粪便处理和贮存

为解决与生产设施、饲养场、粪便污水贮存和处理设施和场地、以及任何用于粪便污水转运的场地或设备相关的问题，CNMP 要求集约化养殖场建有适当的收集、存储、处理和 / 或运输粪便的设施设备，容量要满足粪便从产生到施用的全过程。养殖场需明确养殖品种、养殖量、饲养重量、养殖批次、粪便量、粪便养分含量、污水量、储存体积等，妥

善处理好病死畜禽、兽医废弃物和过期饲料。设立应对粪便外溢和灾难性事件的应急处置措施。

3. 粪便养分管理

该部分是 CNMP 最重要的部分，主要阐明了所有养分和有机副产品（例如：畜禽粪便、化肥、作物秸秆、豆科作物供氮量、灌溉水）土地利用的要求，主要包括：

（1）根据长期可持续发展的需要，按照整个农场养分平衡的要求，建立便于管理的年度种植和施肥计划。年度种植计划应明确农作物类型、品种、种植面积、计划产量。

（2）开展土壤成分分析、粪肥成分分析，记录当前土壤养分试验结果和粪肥成分的试验结果。根据农艺对养分要求，规划施肥方式、施肥时间，初步确定施肥量和称量方法。

（3）准确统计在养殖场及周围农场内，可以筹集到的无机肥料、粪肥和城市污泥等所有养分和有机副产物的需要和供应数量，计算产出的所有氮、磷和钾养分含量。

（4）根据农艺和环保要求，考虑到不同作物轮作需求、有机肥施设备以及其他资源保护的限制，确定粪便储存时间。

（5）开展基于农场（包括种植和养殖）的养分平衡计算。

（6）考虑建设相应配套措施，防止因施肥带来的空气质量、病原体、盐和重金属问题等。

4. 土地管理

该部分主要涉及用于消纳畜禽养殖场粪便污水的土地的相关规定。确保粪便正确施入农田后，不会产生养分随径流进入地表水体与泥沙一起移出农田，或通过地下水淋溶以及增加气体排放等环境问题。土地管理措施主要包括两个部分，一是管理措施，包括保护性作物轮作，残茬处理和耕作管理、免耕／条带耕，保护性覆盖作物等，通过这些管理措施减少土壤侵蚀，提高土壤有机质含量、降低养分添加需求，改善土壤透水、透气和耕作质量；二是结构／植物生长措施，包括水流改道、临界区植被、等高耕作、田地缓冲界、梯田等措施，包括种植在容易遭受侵蚀危害或已经严重侵蚀的地区的植被，比如乔木、灌木、藤本植物、草本植物、豆科植物等，用于固定土壤，减少泥沙和径流对下游区域的危害，以及改善野生动物生存环境和景观资源，通过等高耕作减少片状侵蚀和细沟侵蚀，减少径流对泥沙或其它污染物的运输等。

5. 记录保持

该部分要求畜禽养殖场场主／经营者必须实施 CNMP 的活动存档备查，畜禽养殖场场主／经营者负责保持与实施 CNMP 有关的档案记录且记录至少保留 5 年，供监管机构考核使用。其中年度记录包括土壤测试、粪便分析、生产用水分析和养分平衡等；日常记录包括贮存设施记录，操作与维护记录，粪便利用记录，粪便转运记录，死亡动物处理记录等。

6. 其他利用方式

其目的是当畜禽粪便的养分供给超过农作物的营养需求和土地承载力时，为避免产生重大的环境风险，需要启动备用处置方案。对粪便进行固液分离，开展堆肥处理，制造颗粒肥料减少体积，或与工业和市政有机物混合进行厌氧消化生产沼气，对其进行能源化增值利用，或委托经纪人销售有机肥。

四、成效与作用

1. 经济效益

CNMP 有助于减少养殖场粪便量，提高粪便存储池的消纳能力，降低粪便处理工作成本，改善农场经营状况，帮助农场主在养分管理、饲养管理和新建养殖场时提高工作效率，帮助农场主更好更方便地开展员工培训，促进扩大养殖规模，提高盈利。

2. 社会效益

帮助农场主改进种植农艺技术，提高农产品质量，保障农产品质量安全，帮助养殖企业制订完善的灾害应急计划和安全处置计划，处理粪便外溢泄漏、人或动物掉进粪坑、受伤或火灾等突发事件，提高种植养殖的可持续发展能力。

3. 环境效益

完善正在建设或准备建设的环保措施。减少/减轻因粪便泄漏、外溢等造成的环境风险和责任，帮助集约化养殖业达到国家环境资源保护条例的许可程序，保护水土资源。

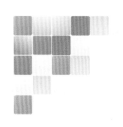

第二章　技术单元

第一节　收集方式

畜禽养殖场废弃物包括畜禽排泄物、生产废弃物和职工生活废水。不同畜禽的粪便排泄系数见表2-1-1。粪便收集方式应根据养殖畜种、饲养工艺、环境要求、投资额度、地理与气候条件等因素进行工艺设计，主要有人工干清粪、自动干清粪、水冲（泡）清粪和发酵床等清粪工艺。人工干清粪工艺较为简单，一般采用人工进行清扫和运送粪便，在此不做详细介绍。

表2-1-1　畜禽粪便排泄系数

项目	单位	猪	牛	鸡	鸭
粪	千克/只·天	2	20	0.12	0.13
	千克/只·年	398	7 300	25.2	27.3
尿	千克/只·天	3.3	10	—	—
	千克/只·年	656.7	3 650	—	—
饲养周期	天	199	365	210	210
密度	千克/立方米	990	1 000	1 000	1 000

数据来源：国家环境保护总局环发〔2004〕43号文件

一、猪　场

目前，养猪生产中清粪方式主要有水冲清粪、水泡粪/尿泡粪、干清粪等。不同清粪方式所配置的清粪设备有很大差异。水冲清粪配置的工艺与设备比较简单，操作方便，劳动强度很轻，但因用水量大，会影响室内空气质量，且给后期粪便处理造成很大压力，我国不提倡这种清粪方式。相比较而言，干清粪和水泡粪用水量较水冲清粪大幅减少，近年来在我国规模较大的猪场建设中有较多的应用。

（一）自动干清粪

1. 原理

现有的猪舍干清粪机大多采用牵引式，电机通过钢丝绳或者亚麻绳拉动刮粪板运动，将粪便从粪沟中刮出舍外。

2. 优缺点

采用自动干清粪可以节省劳动力，清粪次数和时间可以自行设置；缺点是多数清粪机在运行过程中由于粪沟内的粪便分布不均而造成刮板在运行过程中受力不均，从而使刮板与粪沟壁产生卡碰现象，造成过载而损坏机件。当粪沟内的粪便没能及时清除时，粪便会在粪沟地面上产生结痂，在粪沟地面上形成一个个凸起，从而增加刮粪板在运行过程中的阻力，这也是造成过载的一个原因。或者刮粪板将会从凸起处直接越过，使粪沟地面上残存较多粪便。

3. 应用方法

在实际的生产过程中，当遇到这种情况时，养殖户在清粪前，先向粪沟内喷入少量的水，将粪便打湿，从而减少粪便与粪沟地面间的摩擦力，但在集约化养殖场中这将会增加饲养人员的劳动量。

4. 适用范围

适用于中等规模以上养殖场。

5. 轨道式干湿分离清粪

在圈舍的一边设置粪沟，粪沟上方设有漏缝地板。猪排泄时，尿液直接通过缝隙从排尿管中流出；留下的干粪便从漏缝地板掉入到粪沟中，由刮粪车从一端刮到提粪车处，提粪车将粪便提升至地面以上，最终倒入运粪车中运走。

刮粪车在圆形轨道上运行，粪沟中最终的"V"型坡面使用刮粪车铲板制作而成，所以在刮粪时，铲板底边与水泥地面没有缝隙，可以将粪便彻底清理。圆形轨道上下都设有"U"型槽轮，避免刮粪车在清粪时被抬起。轨道式干湿分离清粪系统的纵向截面示意见图2-1-1。

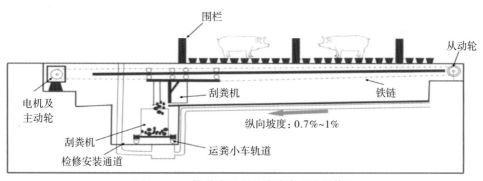

图2-1-1　轨道式干湿分离清粪系统纵截面

6. 斜坡式提粪系统介绍

在粪沟一端，刮粪车将粪便推入提粪小车中，然后提粪车通过斜坡轨道将粪便提升至地面以上，最终倒入运粪车中运走。此种提粪方式适用于小型养猪场。见图2-1-2、图

2-1-3所示。

图2-1-2　斜坡式提粪系统原理　　　　　　图2-1-3　斜坡式提粪实物

　　整个猪舍圈栏布置分为躺卧区、采食活动区和排泄区，自动实现"三点定位"的布局。同时猪厕所处的围栏，兼有供猪排泄和转猪通道的功能，猪栏布置示意图见图2-1-4。方便猪群进栏和出栏的管理。独特的圈栏布置解决了猪在转群时的问题，提高了猪场的管理效率，促进了猪场管理的自动化与现代化。

图2-1-4　圈栏布置效果图

（二）水泡粪

1.原理

　　水泡粪系统在国外使用较为广泛，它是利用虹吸原理的一种节水型清粪方式。

　　运行时应保证整个系统的封闭，入口和出口之间形成一定压力，即便是清粪完成后，也应使管道内充满粪水，以挤出管道中的空气，否则虹吸作用丧失。

2. 优缺点

水泡粪的运行费用低、节省人力，但粪便被水尿稀释发酵，会产生大量氨气等有害气体，导致舍内的空气质量较差。

3. 应用方法

采用水泡粪系统时，排粪池的大小只考虑排粪管所对应的排粪面积，不必考虑猪的种类、大小等。为了方便栏位安装，漏缝地板区域一般比栏位缩回 10 厘米，再预留 5 厘米的漏缝地板安装台阶，也就是说粪池比栏位缩回 15 厘米。排粪管的直径不同，所对应的排粪池的面积大小不一样，详见表 2-1-2。

表 2-1-2　排粪池的设计

排粪管直径（毫米）	排粪面积（平方米）	排粪池的最大长度（米）	备注
315	10~35	12	
250	5~25	10	最大程度只有在使用关闭阀时进行限制
200	0~10	5	

排粪池深度（底部距离漏缝地板的上表面），为 60 厘米，采用地沟通风时，深度为 80 厘米。排粪池的底部必须保持水平，池底和墙体材质根据养殖场要求或当地要求做，但要做防渗处理。不同池体之间的隔墙不承重，只是隔离作用（多采用 120 砖墙或混凝土墙），高度以 45~50 厘米表面为宜，顶端做成 90° 折角，防止粪便留在上面。

（三）发酵床

发酵床是集养猪学、营养学、环境卫生学、生物学、土壤肥料学于一体，遵循低成本、高产出、无污染的原则建立起的一套良性循环的生态养猪体系，是工厂规模化养猪发展到一定阶段而形成的又一亮点，是养猪业可持续发展的新模式，可以实现养猪无排放、无污染、无臭气，彻底解决规模养猪场的环境污染问题。

1. 舍内发酵床

舍内发酵床分为地下式发酵床、地上式发酵床和半地下式发酵床 3 种。地下式发酵床要求向地面以下挖 50~60 厘米，然后铺垫料（锯木、稻壳），菌种与水分稀释喷匀，铺好再将牲畜放入。在地下水位高的地方，可采用地上式发酵床，地上式发酵床是在地面上砌成，再填入已经制成的有机垫料，注意饮水不要流入发酵床，要有导流水槽。保持圈舍通风良好（上有天窗、下有地窗），地窗（40 厘米 × 70 厘米）可开在距离发酵床表面以上 20 厘米处。舍内发酵床实景见图 2-1-5。

图 2-1-5　舍内发酵床

2. 舍外发酵床

在猪生活区垫一层薄垫料（5 厘米），夏天喷湿垫料以降低室温，冬天铺干垫料给猪保温，在猪舍外一侧建一条宽 1 米、深 0.6 米的发酵沟，可将垫料移至沟内并撒上少量菌种进行发酵。也可猪舍采用干清粪工艺，粪便人工转入舍外发酵床，尿液及废水通过收集入储粪池中，定期向舍外发酵床中转移，通过舍外降解床对粪便和粪水进行同时处理。舍外发酵床见图 2-1-6 所示。

图 2-1-6　舍外发酵床

饲养 500 头商品猪约需配备降解床面积 90~120 平方米，将 1 千克菌种、50 千克米糠或玉米粉、5 包木糠混匀，在猪舍外的空地堆积成小丘状，在混合过程中喷洒清水，调节预发酵垫料的水分为 40%~50%（即抓起一团垫料握紧后松开手，垫料依然可成团但无水滴下），覆盖发酵 2~3 天，堆体温度达到 50℃以上，才可作为合格的预发酵菌种使用。

垫料铺设高度 35~45 厘米。在降解床内按照设计高度铺设好混合垫料，采用机械（管道）或人工将粪尿均匀撒入降解床，并翻耙均匀，调节水分至 40% 左右（不超过 50%）。通常每天自动翻耙一次，翻耙深度不低于 25 厘米，每月按每平米 10 克向降解床补加菌种。

3. 高床发酵床

部分养殖场成功创新发酵床设计，猪舍两层结构，上层养猪，采用温控通风设备，全漏缝地板结构，养猪生产过程中不冲水、产生的猪粪尿通过漏缝板落入下层垫料中；猪舍下层高度为 2.5~2.8 米作为有机肥生产车间，铺设木糠等垫料承接生产过程中产生的猪粪尿，垫料厚度 60~70 厘米，采用机械每天对垫料进行翻堆处理，养猪废弃物在好氧微生物作用下发酵降解，转变成有机肥料。高床发酵床实景见图 2-1-7 所示。

图 2-1-7　高床发酵床

与传统发酵床相比，高床发酵床具有垫料来源广泛、调湿降温效果好、有害气体排放少等优点。除此之外，发酵床技术通过微生物菌剂与秸秆的辅料进行混合，可利用微生物的分解能力实现猪粪尿的就地减量化，降低粪便处理难度。

二、牛　场

（一）刮板清粪

刮板清粪系统在不影响奶牛活动的情况下，通过多次清理牛舍过道中的粪便来保持牛舍清洁，具有省人工、噪音低、运行成本低等优点。但是，由于各部件始终浸在粪尿中，要求设备防腐蚀性要强。当冬季气温较低，开放式牛舍中出现冻冰时，刮板系统应停止使用，由铲车清粪来替代。如果仍要使用刮板时，应适当缩短刮板的行程以减少粪便结冻的可能性。

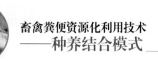
典型的电动刮板系统由刮板、闭合链条、转角轮、驱动等部件组成，刮板与链条相连，由驱动带动往复运动在过道上，将粪便清除到牛舍内的集粪沟内，如图 2-1-8 所示。

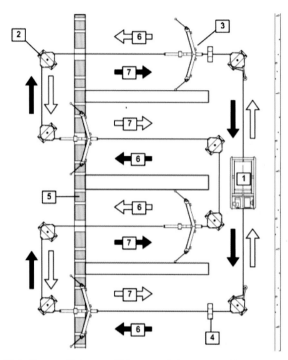

1. 驱动单元　2. 转角轮　3. 刮板　4. 阻挡板　5. 集粪坑　6. 刮板收集粪污　7. 刮板空程返回

图 2-1-8　刮板清粪系统

奶牛场使用的刮板主要有 3 种样式：直刮板、16°角倾斜刮板和"V"型刮板，如图 2-1-9 所示。当集粪沟较窄时，选择直刮板比较合适。当清粪通道较窄或粪便较干时，则宜选择"V"型刮板。采用刮板清粪系统时，粪道的宽度一般不小于 180.5 厘米。一个刮板的每次清粪的最大负载相当于 12 头奶牛 24 小时产生的粪便量。例如，一条粪道内包含 72 个牛床，每天必须清理 6 次，才能保障牛舍清洁。

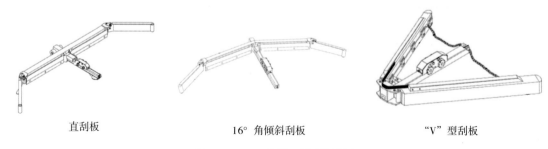

直刮板　　　　　　　　16°角倾斜刮板　　　　　　　　"V"型刮板

图 2-1-9　3 种常用的刮板样式

在寒冷地区，为了将结冰的粪便与通道地面剥离开来，可在牛舍内的纵向通道上设地板加热系统，作为舍内粪便收集的一种辅助手段。

地板加热系统由供水管、加热管和回水管组成，必须形成完整的回路。供水管一般采用 6 分热塑管，按照平行距离 30 厘米或 45 厘米铺设，可采用"直形"管或"蛇形"管的布置方式，如图 2-1-10。采用"蛇形"管排布方式时，大量的弯头会增加回路的有效长度。

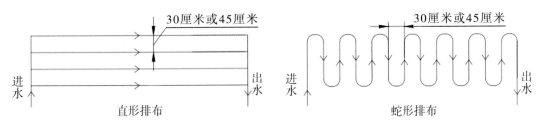

图 2-1-10　地板加热管的排布方式

（二）水冲式清粪

在环境温度不低于 –4℃时，可采用水冲式粪便收集系统。该系统是在牛舍地面坡度为 0.75%~3% 时，采用水力冲洗的方式将挤奶厅、待挤区或牛舍粪便通道中的粪便收集到集粪沟中的一种方式。只有冲水量和流量与地面坡度很好匹配时，方可取得良好的冲洗效果。根据冲洗水的压力，可分为高压快速冲洗和缓慢冲洗两种。前者水流速度快，牛舍地面坡度大，冲洗干净。后者的牛舍坡度较小，水流缓慢，较前者冲洗时间长、冲水量大、能耗也高。

单从粪便收集来讲，采用水冲式粪便收集系统的运行成本明显低于刮板收集系统，且牛舍的清洁程度要好于刮板清粪系统。但是，由于粪便中大量可溶性物质进入冲洗水中，后续的污水处理难度显然会增加很多。

采用污水回用与同步沉淀的水冲式粪便收集方式，是将挤奶厅和待挤区中的粪便冲洗水经过镜面筛分器和固液分离装置后分离的污水回冲牛舍的一种水冲方式。当来自挤奶厅和待挤区的回冲水不足时，由主沉淀池的上清液作为补充，因此，这种水冲方式在运行过程中不需要另外添加水，也就是说不会从源头增加污染物的量。镜面筛分器和固液分离装置是该系统运行良好的重要保障。镜面筛分器是一种高效的牛粪中粗纤维过滤器，1 台美国 Houle 公司的镜面筛分器可在 1 分钟内分离 3 头奶牛 1 天内产生的粪便中的粗纤维，每台可分离高达 2 000 头 / 天奶牛产生的粪便中的粗纤维。

（三）机械干清粪

自由卧栏牛舍粪道、室外通铺或散养牛舍中最常见的清粪方式是在拖拉机上挂上刮板或铲斗或使用滑移装载机进行推粪。为了降低对地面的磨损，很多养殖场会将半个大轮胎做成橡胶刮板。用螺栓将轮胎固定在钢框架上，然后安装到拖拉机或滑移装载车的前部。

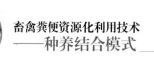
轮胎的圆弧造型也可以减少粪便沿着边沿流走。当温度低于0℃，使用液压操作的金属沿铲斗或刮板清除上冻粪便。装在拖拉机上的大型铲斗适合清理宽大、笔直区域的粪道，设备直线行驶、很少转弯。拖拉机前轮间距要宽大，保持稳定性。装满粪的铲斗会造成后轮牵引力降低，因此这种操作需要在相对平坦的区域进行。见图2-1-11所示。

图2-1-11　拖拉机式清粪

三、鸡　场

鸡舍与其他畜种圈舍不同，清粪方式取决于饲养设备和养殖方式，鸡场清粪方式主要有传送带式清粪和刮粪板式清粪。

（一）传送带干清粪

传送带清粪方式具有粪便收集方便彻底、残留少、所收集的粪便干燥、鸡舍内有害气体浓度低、清粪过程噪音低、清粪工作效率高等众多优点，同时，由于所收集的粪便含水量低，显著地降低了后续处理难度。传送带清粪收集技术广泛适用于蛋鸡和肉鸡的叠层笼养系统，也可用于蛋鸡阶梯或半阶梯笼养系统的收集底层的鸡粪。传送带清粪系统由控制器、电机、传送带等组成，一般用于叠层笼养的清粪，部分阶梯笼养也采用这种清粪方式。对于叠层而言，每层鸡笼正下方铺设传送带，宽度与鸡笼同宽，长度方向略长于整列笼具长度，多层配合使用，直接将粪便输送到运粪车上。使用传送带清粪系统时，首先要考虑到传送带的材质，一般选用尼龙帆布或橡胶制品，要求有一定的强度与韧度，不吸水、不变形；另外传送带在安装的过程中要防止出现运行跑偏的现象。在传送带末端固定一块刮板，将鸡粪刮落到横向传送带上传到舍外，然后用清粪车将粪便运出场区或者集中进行堆放。相比刮板式清粪机而言，传送带清粪系统能保证粪不落地，并且清粪完全，运行效率高。而采用笼架散养等方式时，使用传送带清粪系统，在每列笼架正下方安置传送带两列，并排拼接而成，其他配件、安装和运行方式都与叠层笼养的传送带清粪系统相同。传送带式清粪机如图 2-1-12 所示。

图 2-1-12 传送带清粪系统

（二）机械刮板清粪

刮粪板式清粪机多用于阶梯式笼养和网上平养。机械刮粪是目前我国中小型规模蛋鸡养殖场采用的主要清粪方式。为降低与刮板相连的钢丝绳负荷，延长其寿命，机械刮粪的频率一般为每天 2~3 次。机械刮粪可节省人工成本，提高劳动生产效率，设备投资为传送带清粪的 1/2~2/3；刮板式清粪机利用摩擦力及拉力使刮板自行起落，结构简单。但刮板清粪技术尚存在一系列的问题：①粪沟施工不当造成沟底和侧墙不平直等导致粪便很难刮干净。②饮水器漏水等导致低洼处积水，粪水混合发酵导致舍内有害气体挥发增加。③钢丝绳等作为牵引绳时易被腐蚀，需要经常更换；尼龙绳的耐腐蚀性强，但易变形，沾水后容易打滑，导致牵引绳过松运行慢等问题。④所收集的粪便含水多，当鸡舍湿度较高时，鸡粪中水分大量挥发，鸡群换羽时鸡粪中混入大量的羽毛，导致鸡粪含水率过低甚至出现板结的现象，这给清粪带来难度。有的饲养员为了清粪方便，就在清粪前就往粪沟内加水进行稀释。日常操作中冲洗鸡舍的水也会流入粪沟。这就导致鸡舍环境差、粪便的后续处理难度大等。⑤采用刮板清粪时，系统末端与舍外的集粪池之间的开口大，密封性差。严重影响负压通风效果。见图 2-1-13 所示。

图 2-1-13　刮板式清粪机

（三）阶梯笼养鸡舍刮板清粪改传送带清粪技术

阶梯式或半阶梯式笼养技术在我国蛋鸡，特别是蛋种鸡生产中占据非常重要的地位。过去大多采用人工或刮板清粪技术，介于存在许多缺点，越来越多的鸡场进行改造。

鸡舍清粪工艺的改造不同于新建鸡舍，受到多种实际情况的限制。对于已经采用刮板清粪的阶梯／半阶梯笼养鸡舍，可采用两种方案，即将原来刮粪板使用的粪沟填平后再进行改造或直接将清粪履带安装在粪沟中，两种改造方案各有优缺点。

1. 将原有刮板清粪的粪沟填平后安装清粪履带

将原有刮板清粪的粪沟填平后再安装清粪传送带，如图 2-1-14 所示，是清粪方式改造的首选方案。改造方式一般是在地面重新设置立柱，将传送带固定在立柱上，然后再把鸡笼腿连接并安装在立柱上。由于重新设置了立柱，并将鸡笼安装在立柱上，因此，要采用这种改造方案，对鸡舍高度有要求。当鸡舍净高低于 2 700 毫米，就不适合采用这种改造方案。

采用这种改造方式需要挪动鸡笼，改造较麻烦，但后期运行方便。

2. 将清粪传送带直接安装在原有刮板清粪的粪沟内

当鸡舍的高度不能满足方案一，可将履带直接安装在粪沟内，如图 2-1-15 所示。采用这种改造方案时，不需要挪动鸡笼，改造方便，但是运行起来后不易管理。废水及漏入粪沟里的粪便不易清除，转群后也不易彻底消毒。需要彻底清除和消毒时，只能拆卸传送带。

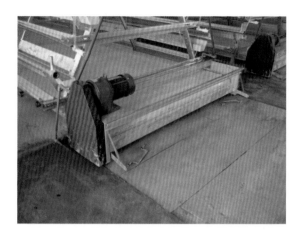
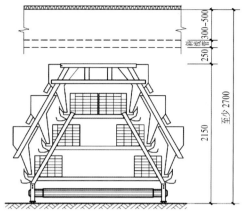

图 2-1-14　方案一：粪沟填平后安装传送带

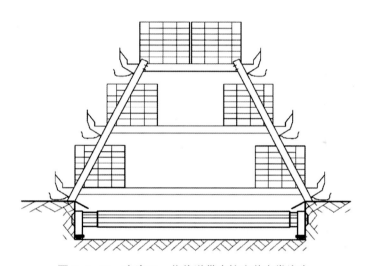

图 2-1-15　方案二：将传送带直接安装在粪沟内

第二节　贮存方式

　　为解决规模化畜禽养殖带来的环境污染问题，早在 20 世纪 60 年代至 70 年代，许多畜牧业发达国家和地区制定了相关法律、法规或规定，采取多项措施来对畜禽养殖业进行规范化管理。如美国规定畜禽场粪便只能通过农田消化，不允许排放，每个畜禽场在建场时必须建造粪便的贮存、处理和利用设施；欧盟各国大多采用限制每公顷农地的畜禽饲养量来控制农地的粪尿施用量，另外要求农户建立能贮存 4 个月以上粪尿的设施；丹麦有关部门不但规定了每公顷土地可容纳的粪便量，同时要求每个农场建造能够贮存 9 个月粪便量的贮存设施；加拿大农业部颁发的《牧场粪便管理办法》根据牧场规模不同，对粪便的处理也做了不同的要求，如饲养 150~400 头母猪规模的猪场，必须要建粪便和污水贮存

池，每半年还田 1 次，400 头以上规模则每年只能还田 1 次。

随着畜禽规模养殖的发展，由于忽视粪便贮存设施的作用，有些养殖场有粪便无害化设备，但没有合理的贮存设施而造成二次污染的现象时有发生。对粪便进行合理贮存、处理和利用，以免造成环境污染，实现资源利用具有重要作用。

结合我国实际情况，粪便无害化处理后用于还田利用的，应设置专门的堆粪场或贮存池。固态和半固态粪便可直接运至堆粪场，液态和半液态粪便一般要先贮存池中沉淀，进行固液分离后，固态部分送至堆粪场。

一、堆粪场

堆粪场适用于干清粪或固液分离处理后的固态粪便的贮存（图 2-2-1）。堆粪场多建在地上，为倒梯形，地面用水泥、砖等修建而成，且具有防渗功能，墙面用水泥或其他防水材料修建，顶部为彩钢或其他材料的遮雨棚，防止雨水进入。地面向墙稍稍倾斜，墙角设有排水沟，半固态粪便的液体和雨水通过排水沟排入设在场外的污水池。一般建造在畜禽场的下风向，远离畜禽舍；堆粪场的大小根据畜禽场规模和粪便的贮存时间而定，设计和建造足够容量的堆粪场，便于集中收集粪便。规模牛场、羊场和鸡场较为常用。

图 2-2-1　堆粪场

二、贮存池

粪便贮存池设计中选址、设计参数、结构和防渗等可按以下要求进行优化设计和建设。

（一）选址

贮存池应与养殖区、居民区等建筑保持一定的卫生防护距离，设置在畜禽养殖场生产区、生活区主导风向的下风向或侧风向。应有利于排放、资源化利用和运输，并留有扩建的余地，方便施工、运行和维护。土地条件允许的，也可按以上要求建设田间贮存池。

（二）处理量

应根据养殖场实际产生量确定，没有实测数据的宜根据相似工程经验或参考当地类似养殖场粪便产生量确定，也可参考表 2-1-1。

在整个畜禽粪便种养结合利用的产业链条中，正确估算粪便产生量十分重要，是以后各个环节能否正常衔接的关键。养殖场采取集约化运营和管理，在正确测算其粪便产生量时，需要考虑如下参数。

（1）动物的粪便产生量。

（2）动物垫料的使用量。

（3）冲洗水使用量及循环使用率。

（4）开放贮存区域的降水量。

（5）开放贮存区域的蒸发量。

（6）圈舍地面的冲洗水量及循环使用率。

（7）屋顶和室外区域的地面径流。

在估算粪便总量时，可使用如下公式：

养殖场总粪便量 =（动物总粪便量）+（总垫料使用量）+（废水量）+（地面冲洗水量）+（开放区域降水量）-（开放区域蒸发量）

（三）总有效容积

总有效容积应根据贮存期来确定。畜禽养殖场废水主要包括冲洗粪便用水、各种喷淋洒落水、冲洗房舍和设备用水等，日产废水量与畜禽场种类、规模、清粪方式和工艺等有关。另外，不同季节里的废水产生量也不一样，夏季里温度高，各种淋浴、喷淋等降温措施用水量大，这段时期废水量远大于冬季废水量，因此应根据实际情况确定贮存期内的日产废水量。贮存天数一般由当地气候、作物种类、作物生长需水期以及土地耕作方式等因素决定。实行种养结合的养殖场，贮存池的贮存期不得低于当地农作物生产用肥最大间隔时间和冬季封冻期或雨季最长降雨期，一般容量不得小于 180 天的排放总量。如我国北方的施肥周期为 9~10 个月，应建造能够贮存 9 个月粪便量的贮存设施。

1. 容积

固体畜禽粪便和液态粪水贮存池容积应分别计算：

集约化养殖场粪便贮存参考《畜禽粪便贮存设施设计要求》（GB/T 27622—2011）中的要求计算贮存设施容积 S（立方米）：

$$S=\frac{N \cdot Q_W \cdot D}{\rho_M}$$

式中：

N —动物单位的数量；

Q_W —每动物单位的动物每日产生的粪便量，单位为千克每天（kg/d）；

D —贮存时间，具体贮存天数根据粪便后续处理工艺确定，单位为天（d）；

ρ_M —粪便密度，其值参见《畜禽粪便贮存设施设计要求》，单位为千克每立方米（kg/m^3）。

根据测算得出畜禽粪便贮存设施容积，只需要根据场地大小、位置及土质条件等确定最终粪便贮存场地规格及尺寸，一般粪便贮存设施需要设置防雨顶棚，地面采用砖砼结构硬化防渗措施。

集约化养殖场废水贮存参考《畜禽养殖污水贮存设施设计要求》（GB/T 26624—2011）中的要求计算养殖废水贮存设施容积 V（立方米）：

$$V=L_W+R_0+P$$

式中：

L_W —养殖污水体积，单位为立方米（m^3）；

R_0 —降雨体积，单位为立方米（m^3）；

P —预留体积，单位为立方米（m^3）。

其中，养殖污水体积、降雨体积、预留体积计算分别为：

（1）养殖污水体积（L_W）

$$L_W =N \cdot D \cdot Q$$

N —动物的数量，猪和牛的单位为百头，鸡的单位为千羽；

D —需求养殖业每天最高允许排水量；

Q —污水贮存时间，单位为天（d），其值依据后续污水处理工艺的要求确定。

（2）降雨体积（R_0）。按25年来该设施每天能够收集的最大雨水量（立方米/天）与平均降雨持续时间（天）进行计算。

（3）预留体积（P）。宜预留0.9米高的空间，预留体积按照设施的实际长宽及预留高度进行计算。

根据测算得出养殖废水贮存池容积，只需要根据场地大小、位置及土质条件等确定最终废水贮存池的类型及形式。一般情况下为便于养殖废水的收集提升，集水池选择采取地下贮存钢砼结构。

此外，部分畜禽养殖场使用垫料铺垫畜禽舍，在设计贮存池容积时应考虑垫料体积。垫料的体积大小与垫料的种类、湿度、吸水率等特性有关。

2. 结构

贮存池的结构应符合《给水排水工程构筑物结构设计规范》（GB 50069—2002）的有关规定。为防止贮存池内粪水渗过池壁和池底对周围土壤和地下水造成污染，贮存池结构应具有防渗漏功能，在施工前应对拟建场地进行必要的地质勘查工作，通过勘查场地的工程地质条件，分析该场地土质、岩土类型等基础情况，以确定该场地是否适合建造贮存设施。对易侵蚀的部位，应采取相应的防腐措施。固态粪便贮存池应配备防止降雨（水）进入的措施；为避免废水溢出而污染环境，液态粪水贮存池应配置排污泵。

3. 高度

不管是固态粪便贮存池还是液态粪水贮存池，池高一般不超 6 米。地下贮存池合理高度为 1.8~3.6 米，其中包括 0.6 米的预留高度。考虑到贮存期内降雨等因素的影响，贮存池上部要留有一定的预留空间，对于无盖的液态贮存池，除了要预留具有满足应对 25 年 24 小时的最大降雨量的空间之外，还需要再增加 0.3 米的预留高度，以确保安全。

贮存池底部一般都要配套使用防渗功能的建筑材料，为保证这部分材料的稳定性，土制贮存池要预留 0.6 米的空间，混凝土贮存池则要预留 0.2 米高度的空间。另外，地下贮粪设施一般要求池底高于地下水位 0.6 米以上。土质贮存池边坡坡度（高 : 宽）不宜大于 1 : 3。

4. 防渗

贮存池要求池底和池壁有较高的抗腐蚀和防渗性能。尤其是地下贮存池，不管是土制还是混凝土制，都要做好池底的防渗防漏措施。一般做法是将池底的原土挖出一定深度，然后用黏土或混凝土等一些具有较高防渗性能的建筑材料填充后压实。若在黏土层上建造，在喀斯特地貌地区或者附近有饮用水源地的土层，应再铺设一层防水膜。施工完成后，应进行池底和池壁的渗水性测试，以保证水的渗透性满足要求，如不满足要求，则需要重新处理。有些贮存池的容积较大，可能需要用机械设备来清理底层淤泥，这就要在池底设置保护材料，防止由于振动等因素而对池底造成磨损和破坏。

（四）预处理

粪水进入储存池前应经过预处理，预处理包括格栅、沉砂池、固液分离系统、水解酸化池等。处理养牛场粪便时，预处理应设有粪草分离、切割和混合装置；处理养鸡场粪便前，应先清除鸡粪中的羽毛。液态粪水进入集水池前应设置格栅。当废水量较大时，宜采用机械格栅，栅渣应及时运至固体畜禽粪便贮存池（粪便堆肥场）或其他无害化场所进行处理。贮存养鸡场或散放式奶牛场液态粪水时可经沉砂池处理；其他养殖废水贮存可使设置的集水池具有一定的沉砂功能，不单独设置沉砂池。

（五）转移方式

粪便收集后需要往贮存池中转移，固体干粪可利用拖拉机直接装载或刮粪板推入收集沟中，通过重力自流、机力转运或泵送的方法进行粪便转运。粪水可以通过重力自流或泵送到贮存池。转运方法取决于粪便的性质、垫料使用方法、可用的人力、圈舍和贮存区或储存系统的相对高度等因素。养殖场中常见的转运系统包括重力自流管道系统、接收池及

泵送系统、回冲管路系统和其他转运系统。

1. 重力自流管道系统

重力自流管道系统借助液粪的水头力量推动粪便流动，原理如图 2-2-2。所需的输送管道尺寸取决于粪便的性质。液粪，例如奶厅废水，可以使用管径 150~200 毫米的管道，如果需要输送混合着垫料的牛粪（含固率高达 12%），则需要管径 600~900 毫米的管道。

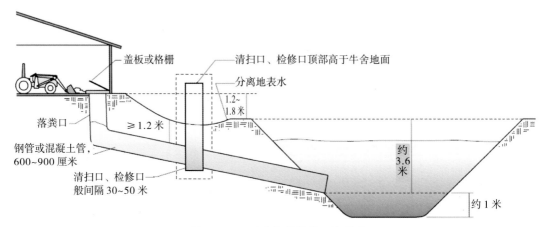

图 2-2-2 重力自留管道系统原理

为了保证粪便流动，每 100 米的运输距离，粪道和接收池最高位置的落差至少要达到 1.2~1.8 米。重力自流粪便输送系统对粪便的粘稠度有很高的要求，管道输送距离过长或者粪便混合不均匀都有可能造成固体沉积，日积月累会引起管道堵塞。因此输送管道上每隔 30~50 米应设置清扫口，所有转弯的地方也要设置清扫口。混合均匀的粪便在重力流管道中的输送效果会好一些。

重力自流输送管道应该埋设在冻土层以下，并且入口应该在储存区的底部，避免结冻。冬季结冻之前，应该确保位于储存区的管道入口上方已有 600 毫米左右的粪便。在极寒气候下，不要将已经结冻的粪便推入重力流管道中。可以将结冻的粪便堆放在圈舍附近，或者直接拉到贮存池。

2. 接收池及泵送系统

使用泵送系统可传送多种类型的粪便。粪便和粪水收集到位于圈舍两端的接收池。接收池的大小取决于贮存周期的长短，可将接收池设计成一周左右的储存容量，每周将粪便泵送到大贮存池，也可将接收池的储存容量设计成 2~4 周，定期对池内粪便进行搅拌，使粪便混合均匀后再输送。

此外，在寒冷地区，可以将接收池设计成 3~4 个月的储存容量，这样在冬季温度低时就停止泵送。根据泵送的粪便性质确定泵的类型，泵需要能够处理带垫料的粪便，能够产生足够的压力将池底的粪便提升到大储存塘或还田设备中。接收池及泵送系统原理图见图 2-2-3。

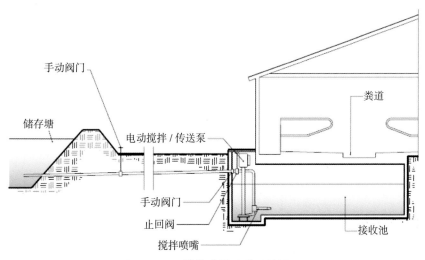

图 2-2-3 接收池及泵送系统原理

3.回冲管路系统

回冲管路系统通常配合拖拉机推粪或机械刮粪板共同使用，利用管道中液体的快速流动实现单个或多个圈舍中粪便的横向移动。管道的直径一般为 400 毫米。集污池中的大流量回冲泵可以使回冲管路内液体产生足够的流速，防止粪便中的固体和垫料在粪浆流入集污池的过程中沉淀。集污池的粪便会定期排放，进行下一步处理，而在此之前，需要额外注水，保证有足够的液体维持回冲管路的运行，添加原则大致为 1 份水对应 1 份粪浆。回冲管路内固体含量的变化范围将在 2%~7%。回冲管路系统要求用泵对液体进行高速传送，液体在圆管中高速流动带走粪便。如果持续添加粪便而没有进行固液分离或补充水会导致泵送量降低，液体流速变慢，引起回冲管路内固体沉淀。

回冲管路能高效地将粪浆从圈舍中清理出去。如果粪便是固体，不建议使用回冲管路，应直接处理，不再推入回冲管路中。

第三节 固液分离

一、作 用

种养结合，是畜禽粪便无害化处理后施用到农田、林地、果园、菜地，实现资源化再利用的技术模式。无论是采取好氧堆肥的方式还是厌氧发酵方式对畜禽粪便进行无害化处理，影响生产效率的核心问题都是粪便含水率。固液分离技术是通过物理或化学手段，将原始的粪便分解成固态和液态两种形态。固液分离具有以下作用。

（一）减少污染，改善环境

固液分离后可以控制臭气的产生，抑制粪便中病原微生物及有机物质的活性，降低对环境的污染。

（二）提高效率，便于生产

固液分离后固体粪便可通过堆积发酵工艺生产优质有机肥，进行资源化利用，改良土壤、提高农作物生产性能。粪水可通过自然处理或好氧、厌氧深度处理后作为液体有机肥还田。

（三）减少 TS 含量，防止输送堵塞

便于粪水储存和处理，防止堵塞输送系统。

（四）降低 COD 含量，降低处理成本

在厌氧发酵过程中，COD 的降低会减轻处理的负荷，降低生产成本，为厌氧发酵创造有利条件。

二、种　类

（一）重力沉淀

1. 原理

将粪便连续排入粪渠，并在粪渠的一端或者两侧设置筛网。液体通过筛网间隙漏出筛分渠，固体则沉淀留在池底。

2. 优点

设施不需要设备的介入。

3. 缺点

需要定期清理，且前期建造成本比较大，清理复杂，操作困难。下层的筛分效果并不理想，还保持较高的含水率。所以此种处理方式没有被普遍采用。见图 2-3-1 和图 2-3-2。

图 2-3-1　沉淀渠

图 2-3-2　分离隔墙

（二）筛分式分离机

根据畜禽粪便的颗粒尺寸不同来进行固液分离。粪便通过滤网时，大颗粒的畜禽粪便留在滤网表面，液体和小颗粒的畜禽粪便则流过滤网。一般适用于处理固形物含量大于5%的粪便。

1.斜板筛

（1）原理。将粪便输送至斜筛顶部，利用重力的作用，液体经过滤网流出，固体则被过滤在筛网外。

（2）优点。结构简单、操作方便、便于维护、节省能耗。

（3）缺点。分离出来的固体容易堵塞筛网，需要经常清洗。见图2-3-3至图2-3-5。

图2-3-3　斜板筛

图2-3-4　斜型静态筛分器

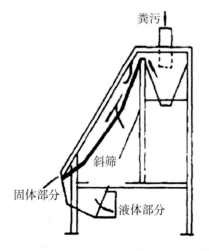

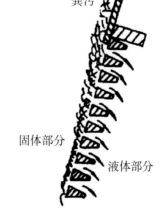

图2-3-5　斜板筛原理

2. 振动筛

（1）原理。与斜板筛相同，但其装有可高速振动的筛板，在较快的速度下振动，使其固液分离后的固体部分迅速被收集。

（2）优点。可以有效防止堵塞筛网。

（3）缺点。能耗较高。见图2-3-6和图2-3-7。

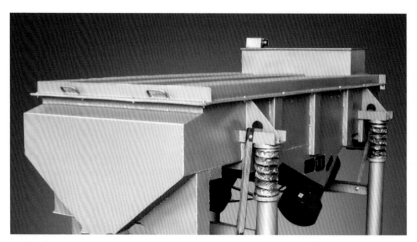

图2-3-6　振动筛

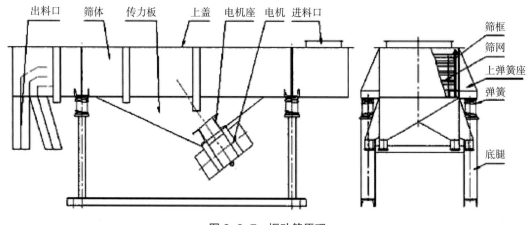

图2-3-7　振动筛原理

（三）离心式分离机

利用高速旋转产生的离心力提高固体悬浮物的沉降速度，从而实现固液分离。一般适用于处理固形物含量5%~8%的粪便。

1. 离心分离筛

（1）原理。分离筛内部有转筒。转筒高速旋转时，粪便中液体部分通过转筒滤布流出转筒，固体由于离心力的作用被收集。

（2）优点。分离效率较高，分离后固形物含水率较低。

（3）缺点。设备复杂，运行维护费用较高。

2.沉降式离心分离机

（1）原理。利用固 - 液比重差，并依靠离心力的作用，固体在离心力的作用下被沉降，从而实现固液分离。

（2）优点。整个进料和分离过程均是连续、封闭、自动完成。

（3）缺点。设备昂贵、维修能耗较高，见图2-3-8。

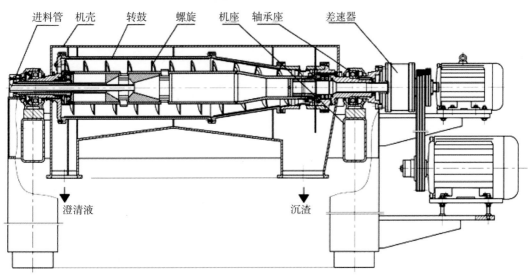

图2-3-8　沉降式离心分离机

（四）压滤式分离机

粪便通过压滤分离机时，通过重力、挤压、过滤、高压压榨等作用，连续进行脱水，可实现较高的脱水率。应用比较广泛。

1.带式压滤机

（1）原理。粪便在水平放置的输送带之上，随着输送带的运动，通过滚筒，液体被挤压流出，固体则随着输送带进入收集区域。

（2）优点。结构简单、耗能低、操作方便、可连续作业。

（3）缺点。设备费用高，需用水清洗，见图2-3-9。

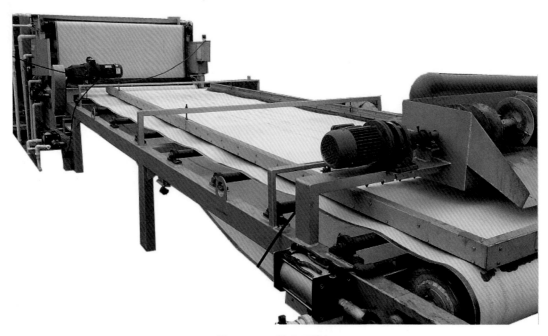

图2-3-9　带式压滤机

2.螺旋挤压机

（1）原理。粪便在送料过程中通过螺旋式输送机，液体部分通过滤网流出，固体则留在滤网上，随着螺旋挤压输送到收集区域。螺旋挤压机是集重力、挤压、高压压榨原理为一体的装置，目前比较常用。

（2）优点。可实现全封闭连续运行、体积小、能耗低、效率高、维护方便，见图2-3-10。

图 2-3-10　螺旋挤压机

第四节　处理技术

粪便中含有多种成分，若未经处理而随意堆放或直接施于农田，将可能对环境造成污染，主要表现在以下几个方面。

1. 空气污染

畜禽饲料中的 50%~70% 的氨类物质以动物粪便形式排出。在厌氧堆积发酵时，会分解释放出氨气、硫化氢、甲基硫醇和三甲基胺等有毒有害气体，这些气体带有酸味、臭鸡蛋味、鱼腥味等恶臭刺激性气味，粪便不及时清除或清除后不能及时进行处理，臭味就会成倍增加，污染养殖场周边大气环境。挥发到大气中的硫化氢还会引起酸雨，影响农作物生长和空气质量。人类如果长期在高氨气环境中生产生活，易引发眼结膜炎、流泪、鼻炎和气管炎等炎症，危害人体健康。畜禽长期处在不适宜氨气环境下体质和免疫力变弱，易引发疾病，日增重和生产力下降。

2. 水体污染

畜禽粪便中含有大量氮、磷化合物和药物残留物质，这些物质是空气、水源和土壤典型污染物。未经处理的粪便，一部分氮以氨气的形式挥发到空气中，另一部分被氧化成硝酸盐，或滞留于土壤表层造成土壤污染，或渗入地下水，或随地表水流入江河，造成水体污染。被硝酸盐污染的地下水将严重威胁人体健康，而这种地下水污染通常需要 300 年才能自然恢复。当土壤中的磷积累过多时，受雨水冲刷而溢出，随地表径流排入江河湖泊，导致水体富营养化，引发鱼类等水生动物窒息死亡，严重破坏水体生态系统。

3. 土壤污染

畜禽粪便对土壤有利的作用在于能够作为肥料施用于农田，可以提高土壤抗风化和水侵蚀的能力，改变土壤的通气和耕作条件，增加土壤有机质和有益微生物的生长。然而，过度使用未经无害化处理的粪便也会危害农作物、土壤、地表水和地下水水质，造成土壤微孔减少，使土壤通透性降低，破坏土壤结构。施用新鲜粪便会出见烧苗现象，大量使用粪便会引起土壤中溶解盐的积累，使土壤盐分增高，作物生长也会受到影响。用高浓度的粪水灌溉农田，会使作物徒长、倒伏、晚熟、减产，甚至毒害作物出现大面积腐烂。

4. 生物性污染

患病或隐性带病的畜禽会排出多种致病菌和寄生虫卵，如大肠杆菌、沙门氏菌、鸡金黄色葡萄球菌、传染性支气管炎病毒、禽流感和马立克氏病毒、蛔虫卵、毛首线虫卵等。据化验分析，畜禽养殖场排放的每毫升污水中平均含 33 万个大肠杆菌和 66 万个肠球菌；沉淀池内每升污水中蛔虫卵和毛首线虫卵分别高达 193.3×10^6 个。如不适当处理，不仅会造成大量蚊虫孳生，而且还会成为传染源，造成疫病传播，影响人类和畜禽健康。

经过无害化处理后，粪便中的多种成分能转变成植物生长需要的养分，成为有用的资源。粪便中氮、磷等含量与饲料养分代谢有关，废水量受生产管理环节因素的影响，因此，畜禽粪便处理利用应综合考虑粪便的来源、影响因素、利用价值以及处理成本等，主要基于源头减排、预防为主、种养结合、利用优先、因地制宜、合理选择、全面考虑、统筹兼顾的思路选择适当的处理利用方法。

一、粪便处理

目前，在种养结合模式中，畜禽粪便主要有堆肥、干燥处理、生物处理、生物质能源处理、有机肥深加工等处理方式，此外，国外还有蚯蚓生物反应器、微波干燥、气流干燥、热喷处理等方式，这里主要介绍国内常用的几种处置方式。

（一）堆肥

1. 堆肥原理

堆肥处理方式是在人工控制水分、碳氮比和通风条件下，通过微生物作用，对固体粪便中的有机物进行降解，使之矿质化、腐殖化和无害化的过程。堆肥主要分好氧堆肥和厌氧堆肥，目前主要是以好氧堆肥为主。堆肥后的粪便养分成分更加稳定，更加利于作物吸收，同时还能改良土壤状况，因此养殖户、中小型养殖场或者农场基本应用这种处理模式。堆肥工艺流程见图 2-4-1。

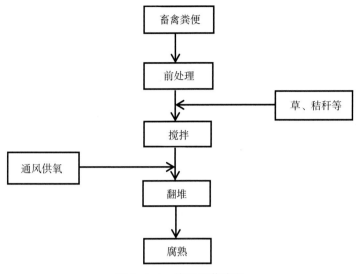

图 2-4-1 堆肥工艺流程

2. 基本过程

利用好氧微生物将复杂的有机物分解转化为稳定的腐殖质，同时产生热能，粪便内部温度逐渐升高，达到 60~70℃高温并且能够持续数天，不仅能降低水分，同时能杀灭其中的有害病原微生物、寄生虫、虫卵和杂草种子等，腐熟后的物料不再有臭味，易于被作物吸收，整个过程根据工艺不同持续从几十天到几个月，实现粪便到有机肥肥的转变。

3. 影响因素

（1）通风。通风量的多少影响着微生物的活动强烈程度，供氧的多少决定了堆肥的速度和质量，因此，堆肥过程中需要保证充足和良好的通风供氧条件。目前主要有斗式装载机、动力铲、通风管、高压风机等设备供氧。

（2）温度。温度也是影响微生物活跃程度的重要因素，一般认为，堆肥过程中温度保持在 55~65℃比较合适。

（3）发酵剂。加入发酵剂可以加快堆肥的发酵速度，大大缩短堆肥腐熟的时间。自 20 世纪 90 年代中期起，国外某些微生物发酵菌剂产品（如 EM、酵素菌、TM 等）及应用技术进入我国。近年来，北京、上海、湖北等地相继开展有机肥生物发酵菌株选育、生产工艺和肥效等研究工作，并在堆肥过程的控制参数、配套机械装置应用及堆肥产品的腐熟指标研究等方面获得大量试验资料，部分研究结果开始生产试用。

（4）含水量。含水量是好氧堆肥的关键因素，含水量的高低取决于物料的成分，如果堆料的灰分多，含水量小，就加以调节。一般以含水量在 45%~60% 为宜。

（5）C/N。堆肥中有机物被微生物分解速度随碳氮比而变化，为了保证堆肥的腐熟速度和质量，一般认为，有机物碳氮比最好控制在（20~30）∶1。

严格来讲，需对堆肥用的每种原料进行实测，计算出各种物料的碳氮比，但在实际生产中，往往不易操作，因此可根据常规物料的碳氮比范围进行，一般猪粪、鸡粪的碳氮比为 6~15，牛粪的碳氮比为 15~20，秸秆的碳氮比为 70~100，菇渣的碳氮比为 40~50。堆肥的碳氮比为（20~30）∶1，但也对水分有要求，为了达到这个要求，常用的配方为 80%~90% 的猪粪 +10%~20% 的粉碎秸秆 / 稻壳粉，70% 牛粪 +30% 鸡粪。如果现场条件实在难以达到，也可将碳氮比、水分的条件放宽，具体根据现场条件而定。

（6）pH 值。pH 值随着时间和温度而变化，一般认为，堆肥过程中保持 pH 值在 7~8 比较合适。

4. 分类

堆肥分好氧堆肥和厌氧堆肥，好氧堆肥是依靠专性和兼性好氧微生物的作用，使有机物降解的生化过程，好氧堆肥分解速度快、周期短、异味少、有机物分解充分；厌氧堆肥是依靠专性和兼性厌氧微生物的作用，使有机物降解的过程，厌氧堆肥分解速度慢、发酵周期长、且堆制过程中易产生臭气。目前较多应用的是好氧堆肥，好氧堆肥包括自然堆肥法、发酵槽堆肥、生物发酵塔堆肥和蚯蚓堆肥。

（1）自然堆肥法。

① 原理：自然堆积是传统的堆肥方式，将畜禽粪便简单的堆积在一起，形成一定的高度，利用好氧微生物将有机物降解，同时利用堆肥高温进行无害化处理。

② 方法：将经过预处理的粪便和物料堆成长 10~15 米、宽 2~4 米、高 1.5~2 米的条垛，在 20℃条件下放置 15~20 天。在这期间，将垛堆翻倒 1~2 次，此后静置堆放 3~5 个月即可完全腐熟，加入发酵菌剂后可缩短至 20 天左右。自然堆肥法要求条垛规模必须适当，若堆体太小，保温性差，易受气候影响；若堆体太大，堆体中心易厌氧发酵产生臭气，影响周围环境。见图 2-4-2。

（2）发酵槽堆肥。

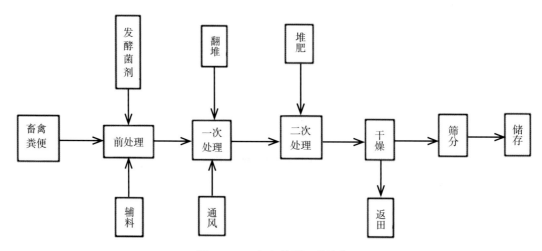

图 2-4-2　好氧堆肥工艺流程

③ 优缺点：自然堆肥法优点是成本低、设备简单、易于干燥、腐蚀度高、稳定性好，缺点是周期长、占地面积大、翻堆产生臭气影响环境、受天气影响大。

④ 适宜条件：适合小型猪场和鸡场，大部分牛场、羊场。

① 原理：发酵槽堆肥法是将含水量 65% 左右的新鲜粪便放入塑料大棚遮盖的粪床中，搅拌机往复行走，并强制通风排湿。粪便一方面利用其中的好氧性菌进行发酵，一方面借助于太阳能、风能得以干燥，经过 25 天左右可以完成发酵腐熟过程。见图 2-4-3。

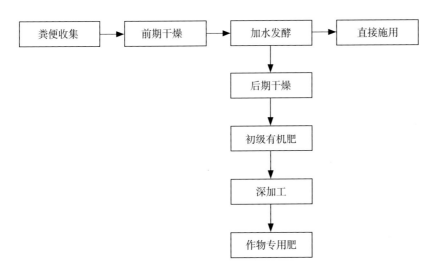

图 2-4-3 发酵槽堆肥工艺

② 方法：发酵槽堆肥基本由四部分组成：发酵槽、搅拌机械、通气装置和发酵大棚（车间）。使用通气装置可以加快发酵速度，但是耗电量大，有些发酵槽堆肥不用通气装置，只通过搅拌来提供氧气。发酵槽的形式有跑道形、直线形、圆形，目前市场上大部分为直线形，长 40~50 米，为了提高设备利用率，提高处理量，大都采用并联式发酵槽，一般为 2~4 个槽，最多可达 6 个槽，共用 1 套搅拌机械，用 1 台移行车实现搅拌机构在槽与槽之间的移动。在堆肥过程中，搅拌机构在发酵槽的轨道上移动，从入口端移到出口端，把粪便完整地搅拌一遍，同时把粪便向出口端推移一定距离，再从出口端返回，如此周而复始，最终完成发酵过程。

为了充分利用太阳能，发酵大棚（车间）覆盖材料用玻璃钢、阳光板、塑料薄膜，白天阳光充足时，放置于大棚内的物料相当于蓄能剂，吸收大量太阳能，夜晚温度降低时热量缓慢释放。在东北等寒冷地区利用太阳能难以达到发酵所需的温度时，发酵大棚内需要增加供暖设备进行局部加温。发酵槽做成半地下式也有利与冬季保温。

③ 优缺点：这种堆肥方式优点是受天气影响小、占地面积小、周期短、节省人力，缺点是成本高、操作难度大，搅拌机与堆料接触部分高速旋转易磨损，且与粪便混合物直接接触容易被腐蚀，需要进行维护和更换。

④ 适宜条件：适合大规模的猪场、牛场和鸡场。

⑤ 分类：根据搅拌原理和设备特点，搅拌机主要分 3 类：

深槽发酵搅拌机：该设备由行走车、搅拌车、螺旋搅拌器、液压系统、自动控制系统等部分组成，见图 2-4-4。行走车放置在发酵槽轨道上，可以沿轨道纵向移动，搅拌车放置在行走车的横向轨道上，可以沿轨道横向移动，螺旋搅拌器悬挂在搅拌车上，有一对可垂直升降且相向旋转的搅拌螺旋，螺旋搅拌器既可以随着搅拌车横向移动，又可以随着行走车纵向移动，液压系统提供行走车纵向移动、搅拌车横向移动及螺旋搅拌器垂直升降所需动力，自动控制系统可以控制设备的工作间隔时间、行走车和搅拌车的移动速度及螺旋搅拌器的倾斜角度等。

图 2-4-4　深槽发酵搅拌机

该设备的螺旋搅拌器具有 3 个功能：一是将料层底部的物料搅拌翻起并沿螺旋倾斜方向向后抛撒，使物料在运动过程中与空气充分接触，为物料充分发酵补充所需的氧气；二是翻动物料时，可加速发酵热量蒸发的水分快速挥发；三是可将物料从进料端逐渐向出料端输送。表 2-4-1 为深槽发酵搅拌机技术参数。

表 2-4-1　深槽发酵搅拌机主要技术参数

序号	型号	装机容量（千瓦）	发酵槽尺寸（米）	占地面积（平方米）	年产有机肥（吨）
1	FG6000	20.5	60×6×1.8	520	3 000
2	FG8000	28	60×8×1.8	650	4 000
3	FG12000	35.5	60×12×1.8	950	6 000

主要特点如下：发酵料层深达 1.5~1.6 米，处理量大，适应有机肥产业化的要求；物料含水率调节至 50%~60%，发酵最高温度可达 70℃左右；发酵干燥周期 30~40 天，产品含水率为 30%~25%；发酵彻底，产品达到无害化要求，无明显臭味；设备自动化程度高，可实现全程智能操作；设备使用寿命长，易损件少，更换方便；节省能源，生产成本低；备有加温、补气设施，不受天气影响，可实现一年四季连续生产；发酵过程中喷洒助酵除臭剂，废气需达到国家环保二级排放标准。

浅槽发酵搅拌机：发酵槽一般为 0.8 米左右，搅拌设备类似于农业上用的旋耕机，见图 2-4-5。

优点：被处理粪便的水分含量可高一些。

缺点：受搅拌机设计原理的限制，肥料堆层不能过高，一般为 0.6 米左右，占地面积大且时间长，因此处理能力小；北方地区冬季必须进行外部加温，否则难以维持连续生产。

图 2-4-5　浅槽发酵搅拌机和移行车

行走式自动翻堆机：该装置采用传送带状的翻堆结构与自动行走系统，翻堆时渐渐地挖掘堆积物并送至机器后面来实现翻堆，见图 2-4-6。因对堆积物从下往上挖掘并送至较长的距离，从深度和跨度上彻底搅拌，做重新堆制，搅拌效果好，效率高，翻堆和输送同时完成，机器边行走边翻堆自动完成全部工作过程，实现流水式有机肥生产。因翻堆是靠从下往上的逐步挖掘来完成，对堆积物无选择，适应性广，适用于利用畜禽粪便、作物秸秆、农产品加工副料、生活垃圾等生产有机肥。整套机器结构简单、加工容易、耗能少，成本低。

图 2-4-6　并列式发酵槽和单列式发酵槽

每条生产线一般由 4 条发酵槽和配套机械组成，设计的标准规格为日处理量 30 立方米，日出肥 10~15 吨。搅拌机、翻堆机、粉碎机和筛分机组成机械处理系统。每个生产线年产 4 000~5 000 吨有机肥。

（3）生物发酵塔堆肥。

① 原理：发酵塔堆肥是利用密闭型多层塔式发酵装置对粪便进行分层发酵，从顶层到底层一般 6 层，顶层放置新鲜粪便，底层放置腐熟粪便，通过翻板滑动使物料逐层下移，每天向下移动一层，在移动过程中完成发酵过程。

② 方法：发酵塔堆肥有从顶部进料、底部出料的筒仓，通风系统使空气从筒仓的底部通过堆料，在筒仓的上部收集和处理废气。新鲜的畜禽粪便和各种辅料，搅拌均匀后经皮带或料斗设备提升到塔式反应器的发酵筒仓内，物料被连续或间歇地加入塔式反应器，通常允许物料从反应器的顶部向底部周期性地移行下落，同时在塔内通过翻版的翻动或风管进行通风、干燥。工艺流程见图 2-4-7。

③ 优缺点：该堆肥方式由于物料在筒仓中垂直堆放，占地面积很小，自动化程度高，因而省地省工；发酵周期短，能耗低，不受天气影响；堆肥在封闭的容器内进行，没有臭气污染。缺点是一次性投资大，全天候生产，设备后期维护和维修成本高。

④ 适宜条件：适合大规模猪场和鸡场采用，尤其是应用机械化自动清粪的养殖场。

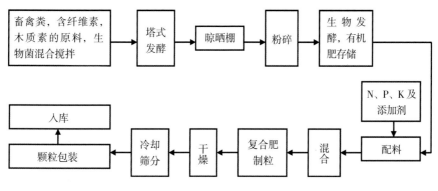

图 2-4-7　生物发酵塔工艺

（4）蚯蚓养殖堆肥。利用蚯蚓处理畜禽废弃物是一项古老而新生的生物技术。自 20 世纪 80 年代以来，人们将自然生态系统中的分解者——蚯蚓引入有机废弃物处理中来，通过人工控制的方法使蚯蚓利用自身丰富的酶系统将有机废弃物迅速分解成为有利于吸收利用的营养物质，并在多种微生物协同作用下，将畜禽粪便进行矿质化、腐殖化和无害化，使各种复杂的有机态养分转化为可溶性养分和腐殖质。同时，蚯蚓堆肥法还可利用堆积时所产生的高温（60~70℃）来杀死原材料中的病菌、虫卵和杂草种子，达到无害化的目的。目前适合蚯蚓堆肥法的有猪粪、牛粪、羊粪。

5. 堆肥效果鉴定方法

堆肥腐熟的好坏，是鉴别堆肥质量的一个综合指标。可以根据其颜色、气味、秸秆硬度、堆肥浸出液、堆肥体积、碳氮比及腐质化系数来判断。

（1）颜色气味。腐熟堆肥的秸秆变成褐色或黑褐色，有黑色汁液，具有氨臭味，用铵试剂快速检测，其铵态氮含量显著增加。

（2）秸秆硬度。用手握堆肥，温时柔软而有弹性；干时很脆，易破碎，有机质失去弹性。

（3）堆肥浸出液。取腐熟堆肥，加清水搅拌后（肥水比例 1∶5~1∶10），放置 3~5 分钟，其浸出液呈淡黄色。

（4）堆肥体积。比开始堆肥时的体积缩小 1/2~2/3。

（5）碳氮比。一般为（20~30）∶1（以 25∶1 最佳）。

（6）腐殖化系数。为 30% 左右。

达到上述指标的堆肥，是肥效较好的优质堆肥，可施于各种土壤和作物。坚持长期施用，不仅能获得高产，对改良土壤、提高地力都有显著的效果。

（二）干燥处理

干燥处理粪便是利用热能、太阳能等能源，对畜禽粪便进行脱水、灭菌等处理，直至最后变为有机肥的过程。

干燥处理分为自然干燥、高温快速干燥、烘干膨化干燥3种。

1.自然干燥

将新鲜的畜禽粪便均匀摊在水泥地面或塑料布上，经常翻动，使其自然干燥，这种干燥方法具有成本低，易操作等优点，但处理规模较小，受季节及天气影响较大，干燥时易产生臭味，不宜作为集约化畜禽养殖场的主要处理技术，适合小规模养殖场。

2.高温快速干燥

高温快速干燥是利用干燥机的滚筒，短时间内（约数十秒钟）在500~550℃的高温作用下，将畜禽粪便水分含量降到13%以下。这种方式不受天气影响，能大批量生产，干燥快速，可同时达到去臭、灭菌、除杂草等效果，但一次性投资较大、养分损失大、成本高，因此适合大规模养殖场。

3.烘干膨化干燥

烘干膨化干燥是利用热效应和膨化机械效应两个方面的作用，对畜禽粪便进行除臭、杀菌灭卵，从而达到符合卫生防疫的要求。该方法一次性投资较大，烘干膨化时耗能较高，这种处理方式适合大规模养殖场采用。

（三）生物质能源处理

1.原理

生物质能源处理主要是应用沼气工程进行处理，沼气工程技术是以开发利用养殖场粪便和废水为对象，以获取能源和治理环境污染为目的，实现农业生态良性循环的农村能源工程技术。沼气发电不仅解决了养殖废弃物的处理问题，而且产生了大量的热能和电能，符合能源再循环利用的环保理念，具有较好的经济效益。

2.方法

将鲜粪投入厌氧反应器，在搅拌装置作用下，粪便经过厌氧发酵，产生的沼气进入发电系统进行发电，沼渣、沼液经平板滤池过滤脱水，分离的沼渣作为有机肥，沼液进入贮存池作为液态有机肥可施用于农田，其工艺流程见图2-4-8。

产生沼气的条件，首先是保持无氧环境；其次是需要充足的有机物，以保证沼气菌等各种微生物正常生长和大量繁殖；第三是有机物中碳氮比适当，碳氮比一般以25∶1时产气系数较高；第四是沼气菌的活动温度，沼气菌生存温度范围为8~70℃，以35℃最活跃，此时产气快且量大，发酵期约为1个月；第五是沼气池发酵物pH值保持在6.7~7.2时产气量最高。畜禽粪便经沼气发酵，其残渣中约95%的寄生虫卵被杀死，钩端螺旋体、大肠杆菌等全部或大部分被杀死，同时，残渣中还保留了大部分养分，可作为肥料或饲料进行多层次利用。

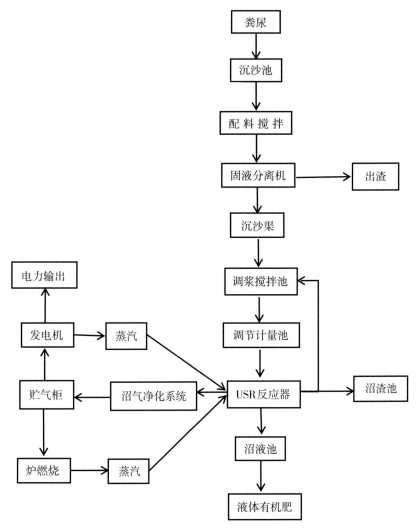

图 2-4-8 生物质能源利用工艺流程

3. 优缺点

生物质能源处理可有效处理养殖场养殖废弃物，可消除气味、消灭有害病原菌，并能产生沼气等清洁能源，产生的沼液、沼渣可作为优良土壤改良肥料。缺点是前期投入大，维护需要专业人员和专业技术，容易受环境温度的影响，北方冬季寒冷季节易致使发酵效率降低或停止。

（四）有机肥深加工

畜禽粪便处理后，根据其养分含量和作物对养分的不同需求加入辅料或者一定量的氮、磷、钾肥，经过进一步的深加工，加工成各种专用有机肥或者有机无机复混肥。这类有机肥同化肥相比，除了含化肥所有的养分外，还含有化肥没有的多种微量元素以及活性物质。目前国内有不少厂家生产这种肥料。其工艺流程如图见图2-4-9。

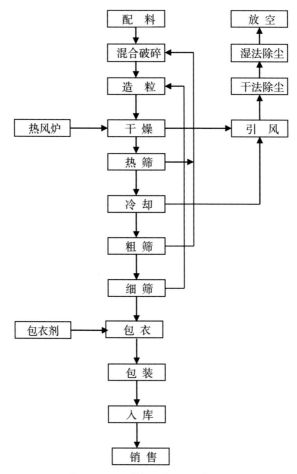

图 2-4-9 粪便深加工工艺流程

二、粪水处理

畜禽养殖场产生的粪水有机物浓度高，而有机物是造成水体污染最重要的污染物，它是水域变质、发黑、发臭的主要原因。粪水处理常采用生化处理方法，即利用微生物生命活动过程中的代谢活动，将有机物分解为简单的无机物从而去除有机物的过程。自然界中存在大量有机物降解微生物，这类微生物通过其本身的新陈代谢来分解环境中的有机物，将其转化为稳定、无害的无机物。依据微生物代谢过程对氧的需求不同，可分为好氧微生物、厌氧微生物和介于两者之间的兼性微生物，相应的处理工艺也以此分类。

在处理方法上，应本着减少投资、节约能耗、因地制宜的原则，采用物理的、化学的和生物的方法进行多级处理，但是不能直接套用工业污水和生活污水处理模式，更不能千篇一律。就目前来看，畜禽养殖中固体干粪处理相对比较容易，投入小，便于运输，农户更容易接受和掌握。粪水处理则比较麻烦，存在投资大，不利于输送，使用量不好控制等因素。因此畜禽养殖中粪便处理的关键问题其实是粪水的处理问题，粪水经过适当的处理后进行返田做肥料较为合理，不仅减少了粪水可能带来的污染，而且实现了粪水的资源化利用，更体现了种养结合的循环生态农业模式。

畜禽养殖产生的粪水含有大量悬浮物、氨氮，甚至有些还含有致病菌、重金属、兽药残留物等有害物质，若不经处理直接向施于农田，会污染天然水体、农田造成严重的环境污染。若经过发酵处理，有害物质被降解，而其中含有的大量氮、磷、钾等元素，以及多种微量元素、水解酶、氨基酸、蛋白质、B 族维生素、生长素、腐殖质、赤霉素、细胞分裂素和某些抗菌素等生物活性物质，对农作物来说是很好的营养物质和生长调节剂。因此，在处理禽畜养殖粪水时，既要实现处理过程的资源化，又要实现处理过程的无害化。目前粪水处理的方式主要好氧处理、厌氧处理和好氧厌氧联合处理方式。

（一）好氧处理

好氧处理是指粪水依靠好氧细菌和兼性厌氧菌的生化作用完成有机物发酵、分解的过程。好氧生物处理分为自然和人工两类，氧化塘处理、湿地处理和土地处理均属于自然好氧生物处理法。人工好氧生物处理主要有活性污泥法、生物滤池、生物转盘、生物接触氧化等。

1. 自然好氧处理

（1）自然处理法。

原理：自然处理法是利用天然水体、土壤和生物的理化与生物之间的综合作用，利用氧化塘的藻类共生体系以及土地处理系统或人工湿地中的植物、微生物净化粪水中污染物。

特点：具有投资及运行费用低，耗能低，工艺简单，无需复杂的污泥处理系统，可综合利用有效资源等特点；但是占地面积大，有污染地下水的可能，因此比较适合远离城市，欠发达地区，有滩涂、荒地、林地作为自然处理系统的地区。由于生物生长代谢受温度影响很大，其处理能力在冬季或寒冷的地区很差，不能保证处理效果，因此，自然处理模式的关键问题是越冬。

适宜条件：适合小规模，以人工清粪为主的养殖场。目前美国、澳大利亚、东南亚一些国家的养猪场采用这种模式较多，我国南方一些地方也采用这种方式。

（2）氧化塘处理。当用氧化塘来处理浓度高的有机废水时，塘内一般不可能有氧存在。厌氧塘一般只能作预处理，常置于氧化塘系统的首端，以承担较高的污染负荷。厌氧塘的水深一般在 2.5~4.0 米。兼性塘的水深一般在 1.0~2.5 米，塘内好氧和厌氧生化反应兼而有之。好氧塘全塘皆为好氧区。为使阳光能达到塘底，好氧塘的深度较浅，一般在 0.3~0.5 米。曝气塘一般水深在 3.0~4.0 米，有的可达 5 米，采用人工曝气供氧，一般可以采用水面叶轮曝气或鼓气供氧。曝气塘有两种，一种是完全混合曝气塘，另一种是部分

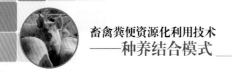

混合曝气塘。曝气塘有机负荷去除率较高，BOD_5去除率在70%以上，占地面积少，但是需要消耗能源，运行费用高，且出水悬浮物较高。

在条件合适时（如有可利用的旧河道、河滩、沼泽、山谷及无农业利用价值的荒地等），氧化塘系统的基建投资少；运行管理简单，耗能少，运行管理费用约为传统人工处理厂的1/5~1/3；可进行综合利用，如养殖水生动物，形成多级食物链的复合生态系统。如使用得当，会产生明显的经济、环境和社会效益。

特点：占地面积过多；处理效果受气候的影响，如越冬问题，春、秋清淤问题；如设计或运行不当，可能形成二次污染，如污染地下水、产生臭气等。因氧化塘占地多，当地需有可供氧化塘使用的土地，地价较便宜，最好是可找到无农业利用价值的荒地；当地的气候适于氧化塘的运行，首先要考虑气温，气温高适于塘中的生物生长和代谢，使污染物质的去除率高，从而可减少占地面积，降低投资。其次应考虑日照条件及风力等气候条件，兼性塘和好氧塘需要光能以供给藻类进行光合作用。

（3）人工湿地处理。粪水人工湿地处理是利用人工湿地的碎石床及栽种的耐有机废水植物作为生态净化系统，运行成本低、处理效果好、管理方便，可高效处理粪水。

原理：人工湿地由碎石（或卵石）构成碎石床，在碎石床上栽种耐有机废水的高等植物（如芦苇、蒲草等），植物本身能够吸收人工湿地碎石床上的营养物质，在一定程度上使废水得以净化，并给生物滤床增氧，根际微生物还能降解矿化有机物。当废水渗流碎石床后，在一定时间内，碎石床会生长出生物膜，在近根区有氧情况下生物膜上的大量微生物以污水中的有机物为营养，把有机物氧化分解成二氧化碳和水，把另一部分有机物合成新的微生物，含氮有机物通过氨化、硝化作用转变为含氮无机物，在缺氧区通过反硝化作用而脱氨。因此，人工湿地的碎石床起到生物滤床的高效化作用，是一种理想的全方位生态净化系统。另外，人工湿地碎石床也是一种效率很高的过滤悬浮物的结构，使富含SS的畜禽污水经过人工湿地后水质明显变清，这种物理作用在人工湿地运行初期更加明显。

人工湿地技术在国外的应用已经非常广泛。目前在中国真正意义上的应用还处于探索、研究阶段。北京师范大学环境科学研究所代利明、刘红等教授已将人工湿地技术用于畜禽养殖场粪便处理工程。中国华南农业大学汪植三教授在90年代初研究出"畜禽粪便污水多级酸化与人工湿地串联处理工艺"，工艺流程为"粪便—固液分离—酸化池—四个串联人工湿地—净化池—排放"。

特点：一是自流化，不需任何电力，节省能源，减少60%的运行费；二是投资少、易维修、管理方便；三是有效清除畜禽场粪水中的重金属。但是人工湿地系统对入水水质有一定要求，过高的固体物和有机污染浓度可能导致系统失效，根据美国自然资源保护局建议必须经过预处理，去除沉淀物和漂浮物，BOD_5负荷率应为0.73千克/（小时·平方米·天），停留时间不少于12小时，故该系统只能作为畜禽场污水的二、三级处理。该系统通常是几个深50厘米的池串联，每池分层铺以粒径不同的砾石或其他填料，并选择适合的湿生植物，北方地区必须采取经济可行的保温措施。

2. 人工好氧处理

人工好氧生物处理主要靠微生物作用，特别是细菌的作用。根据生化反应中氧气的需求与否，可把细菌分为好氧菌和厌氧菌。主要依靠好氧菌和兼性厌氧菌的生化作用等完成处理过程的工艺，称为好氧生物处理法。人工好氧生物处理法是采用人工措施，加快处理速度，主要有活性污泥法、SBR（序批式活性污泥、间歇式活性污泥法）、生物滤池、生物接触氧化、生物转盘、A/O（缺氧—好氧）等。其工艺流程见图 2-4-10。

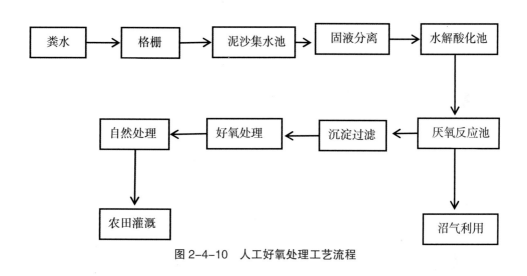

图 2-4-10　人工好氧处理工艺流程

（1）活性污泥法。

原理：活性污泥法是在人工充氧条件下，对粪水和各种微生物群体进行连续混合培养，形成活性污泥。利用活性污泥的生物凝聚、吸附和氧化作用，以分解去除粪水中的有机污染物。然后使污泥与水分离，大部分污泥再回流到曝气池，多余部分则排出活性污泥系统。

特点：优点是工艺相对成熟、积累运行经验多、运行稳定，有机物去除效率高，BOD_5 的去除率通常为 90%~95%；缺点是容易发生污泥膨胀，曝气池容积大，基础成本投入高，运行费用高，脱氮除磷效率低，通常只有 10%~30%。

（2）SBR 工艺。

原理：SBR 工艺是序批式活性污泥法的简称，是一种按间歇曝气方式来运行的活性污泥污水处理技术。其去除污染物的机理与传统的活性污泥法基本相同，只是运行方式不一样。传统活性污泥法采用连续方式运行，污水连续进入处理系统并连续排出，系统中每一单元的功能不变，污水依次流过各单元，从而完成处理过程。SBR 工艺采用间歇方式运行，粪水间歇进入处理系统并间歇排出，粪水进入该单元后按顺序进行不同的处理，处理单元在不同时间发挥不同作用，完成总的处理后被排出。

特点：优点是净化效率高；理想的静态沉淀，沉淀效率高，时间短，出水水质好；

耐冲击负荷，池内滞留数倍进水的处理水，对进水具有稀释、缓冲作用，能有效抵抗水量和有机污物的冲击；处理设备少，构造简单，便于操作和维护管理；基建费用低，主体设备只有一个序批式间歇反应器，无二沉池、污泥回流系统，初沉池也可省略；占地面积省，处理设施少，布置紧凑，无需占用大量土地。但反应器容积利用率低，SBR反应器水位不恒定，有效容积需要按照最高水位设计，运行时，大多数时间，水位均达不到最高水位；运行工序变化频繁，对自动控制要求高，需要配套自动化控制系统及相应仪表设备；不连续出水，要求后续物化处理设施的容积较大，串联其他连续处理工艺较为困难；设备利用率较低，进水排水设备都只能间歇运行。

（3）生物滤池。

原理：生物滤池是由碎石或塑料制品填料构成的生物处理构筑物，粪水与填料表面上生长的微生物膜间隙接触，使粪水得到净化。生物滤池是以土壤自净原理为依据，在粪水灌溉的实践基础上，经较原始的间歇砂滤池和接触滤池而发展起来的人工生物处理技术。

特点：耐冲击负荷的能力强，不产生二次污染，生物滤池的池体采用组装式，便于运输和安装；在增加处理容量时只需添加组件，易于实施；运行费用低。但滤料容易堵塞，使得反冲洗的周期缩短，受其气候环境影响较大。

（4）生物接触氧化法。

原理：生物接触氧化法是一种介于活性污泥法与生物滤池之间的生物膜法工艺，其特点是在池内设置填料，池底曝气对污水进行充氧，并使池体内污水处于流动状态，以保证粪水与粪水中的填料充分接触，避免生物接触氧化池中存在粪水与填料接触不均的缺陷生物。

特点：容积负荷高，处理时间短，节约占地面积；微生物浓度高，耐冲击负荷能力强；污泥产量低，不需污泥回流；挂膜方便，可以间歇运行；不存在污泥膨胀问题。但是仅适合低浓度污水；生物膜只能自行脱落，剩余污泥不易排走，滞留在滤料之间易引起水质恶化，影响处理效果；当采用蜂窝填料时，如果负荷过高，则生物膜较厚，易堵塞填料；布气、布水不易均匀；大量产生后生动物（如轮虫类）。

（5）生物转盘工艺。

原理：生物转盘工艺是生物膜法污水生物处理技术的一种，是粪水灌溉和土地处理的人工强化，这种处理法使细菌和菌类的微生物、原生动物一类的微型动物在生物转盘填料载体上生长繁育，形成膜状生物性污泥即生物膜。

特点：能耗低，管理方便；产泥量少，固液分离效果好；脱落的生物膜比活性污泥法易沉淀，不会发生堵塞现象，净化效果好；可用来处理浓度高的有机废水；废水与盘片上生物膜的接触时间比滤池长，可忍受负荷的突变；耗电量少；生物膜培养时间短。但是占地面积较大；有气味产生，对环境有一定的影响；在寒冷的地区需做保温处理。

（6）A/O工艺。

原理：A/O工艺是由缺氧和好氧两部分反应组成的污水生物处理系统。粪水进入缺氧池后，依次经历缺氧反硝化、好氧去有机物和硝化的阶段，流程的特点是前置反硝化，硝化后部分出水回流到反硝化池，以提供硝酸盐。

特点：A/O 系统可以去除粪水中的有机物和氨氮，适用于处理氨氮和有机物含量均较高的废水；流程简单，建设和运行费用较低；反硝化在前，硝化在后，设内循环，以原粪水中的有机底物作为碳源，反硝化反应比较充分；但是脱氮效率受内循环比影响，内循环比越大，脱氮效率越高，能耗较高。另外，内循环液来自曝气池，含有一定的溶解氧（DO），使缺氧（A 段）难以保持理想的缺氧状态，影响反硝化效果，脱氮率很难达到90%。除磷效率不高，往往需要增加化学除磷单元。

（二）厌氧处理

厌氧处理常见模式是在无分子氧的条件下，通过兼性厌氧微生物、厌氧微生物的作用，将废水中各种复杂有机物分解转化成甲烷和二氧化碳等物质的过程。工艺流程见图 2-4-11。

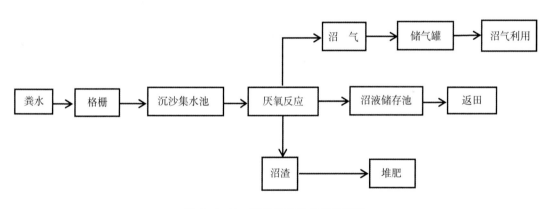

图 2-4-11　厌氧处理模式工艺流程

厌氧发酵处理的优点在于可消除气味、杀灭有害病原菌，产生沼气等清洁能源和沼渣沼液等土壤改良肥料，但厌氧发酵处理也存在一些制约因素：前期建造成本高昂（投资回收可能长达 15~20 年）；沼气系统的维护需要专业人员和知识；需要额外的人工和维护成本投入；适用于大型超大型养殖场使用；发电后的用途需要综合考虑。

厌氧处理方法也称厌氧消化技术或沼气发酵技术，是厌氧微生物在厌氧条件下将有机质通过复杂的分解代谢，产生沼气和污泥的过程。厌氧技术在中国是较为常用的技术。对于养殖场高浓度的有机污水，通过厌氧消化工艺，去除大量的可溶性有机物（去除率可达85%~90%），而且可杀死传染病菌，有利于防疫。这是固液分离、沉淀和其他工艺不可取代的。处理原理见图 2-4-12。

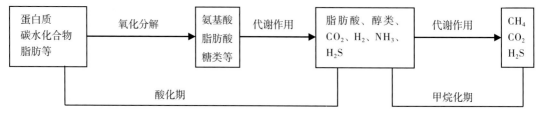

图 2-4-12　厌氧处理原理

为使厌氧消化装置高效去除有机物并产生沼气，除要求厌氧环境外，还要求水中有机质的含量、种类、环境温度和酸碱度条件的相对稳定。由于发酵时间较长，厌氧消化装置的容量要达到日粪水排放量的 2~4 倍。

厌氧消化处理方法因厌氧菌群适宜的温度不同，可分为高温、中温和常温发酵。高温发酵温度为 50~60℃，中温发酵为 30~35℃，常温发酵温度随季节变动。温度不同，有机质的消化率和沼气的产气率也不同，为正相关关系。厌氧消化要求温度相对稳定，因此，常温厌氧消化装置常常建于地下。但是，厌氧消化对于污水中有机质的去除率不可能达到100%，当有机质含量在 1 000 毫克 / 升以下时厌氧消化效率不高。因此，对厌氧消化后的废水，应再进行好氧处理。

目前用于处理养殖场粪水处理的厌氧工艺很多，大型养殖场主要采用的是 UASB、USR 和 UBF 作为养殖场粪水处理的核心工艺。

（三）厌氧—好氧联合处理法

厌氧 - 好氧联合处理法是采用厌氧消化技术，对养殖场高浓度的有机污水，通过厌氧消化工艺，高效去除大量的可溶性有机物（去除率可达 85%~90%），并杀死传染病菌；在厌氧处理的基础上，好氧生物处理方法采取人工强化措施来净化污水，使养殖场的污水处理能够达到要求，从而进行综合利用。

首先采用厌氧处理法处理高浓度有机污水，在这个过程中，处理工艺自身耗能少，运行费用低，还产生清洁能源。但高浓度有机污水经厌氧处理后，往往水中的 CODcr、BOD_5 仍然很高。此外，在厌氧处理过程中，有机氮转化为氨氮，硫化物转化为硫化氢，使处理后的污水仍有臭味，也要求做进一步的好氧生物处理。

该方法既克服了好氧处理能耗大或土地面积紧缺的不足，又克服了厌氧处理达不到排放标准的缺陷，具有投资少，运行费用低，净化效果好，能源环境综合效益高等优点。厌氧 - 好氧联合处理工艺可有多种组合形式，各养殖场可根据自身条件进行选择。

第五节　利用技术

作为重要的有机肥资源，畜禽粪便具有数量大、养分高、有着悠久利用历史等特点，畜禽粪便中含有大量的 N、P、K 及微量元素，可供农作物吸收，从养分循环利用角度，养殖业和种植业是密不可分的。畜禽粪便养分利用涉及种养结合的整个环节，包括养殖畜种、养殖模式、清粪工艺、存储工艺、处理工艺、还田工艺、还田作物、还田土壤养分含量等环节，每个环节都会对养分利用造成影响。

当前，养殖场粪便处理后大多是当作肥料还田，在粪肥返田利用时必须考虑以下几点：

1. 土地承载能力

粪肥返田需根据土壤的承载力情况来决定，若粪肥返田的量在承载力范围内，对土壤来说将起到改良和促进作用，反之若超过了土地的承载力，那么粪肥对土地来说就成了污染物，将破坏土壤结构和成分，危害作物生长。因此养殖场周边须有足够的土地面积来消纳粪肥。

2. 输送距离

粪肥的输送包括车送和管道输送，车辆输送能力小，投资小，适合小规模养殖场使用；管道输送能力强，投资大，适合大规模养殖场使用。不论是哪种方式，从经济成本角度考虑，输送的距离都有一定限制。

3. 收集和储存

粪水还田利用有季节性，而粪水产生是不间断的，粪水农用之前需要足够储存时间，因此，粪水还田时需根据养殖规模建造配套容量的储存池。

4. 机械化还田

抛撒机、泵送管道、粪便注入设备等机械的使用，可有效降低劳动力成本和时间成本，提高粪便利用率。

5. 安全合理利用

根据地域特点和农作物种植类型以及粪便的特性，应采用适宜的农田利用方式。按照种养平衡的原则，采用综合养分管理计划，确定粪水的合理用量，综合测算粪便还田量，实行有机无机肥混施，实现最佳经济价值。

一、粪便利用

畜禽粪便含有丰富的养分，自古以来一直被作为有机肥返还农田，是一种最为经济、简便和资源化循环利用的粪便污染治理方式。但是，当一定区域内畜禽规模及其产生的粪便超过作物生长需要和土壤自净能力时，营养盈余问题就会显现，特别是在畜禽养殖增长较快的地区，农田中过量施用和不合理施用畜禽粪便，不仅造成氮磷流失污染环境，而且还影响农作物的正常生长。

许多欧美发达国家都建立了基于氮磷养分管理的畜禽场粪便还田匹配农田面积的规定。欧盟许多国家已把农场尺度的氮素收支平衡作为监测农业环境政策效应的一个重要工具。为了控制畜禽粪便污染，欧盟委员会把投入农田的粪便氮作为评价氮素环境污染的一个指标，确定了其投入的最高限额为170千克/公顷；德国规定施用养殖场未经处理的动物粪便时，土地的平均总氮施用量是草地上不应超过210千克/公顷，耕地氮素施用上

限为 170 千克 / 公顷，且每年 11 月份至翌年 2 月份禁止向农田倾倒粪便；丹麦法律规定施入裸露土地上的粪肥必须在施后 12 小时内犁入土壤中，在冻土或冰雪覆盖的土地上不得施放粪肥，每个农场的贮粪能力要能贮存最少 9 个月的产粪量，要在 95% 以上的耕地上种植秋季作物，以减少硝酸盐渗析的危险；英国的法律规定，粪便施用量为每公顷土地不超过 250 千克氮，冬季不允许向耕地施用粪肥，水体敏感区域动物和其他粪肥中的氮的最大允许施用量，草地、玉米和其他作物 170 千克 / 公顷，低氮需求的农作物为 125 千克 / 公顷。还有一些国家同时制定了每年粪便磷的施用限量，如挪威、瑞典和爱尔兰分别规定每年粪便磷的最高施用量为 35、22 和 40 千克 / 公顷。在荷兰，利用规定的氮、磷施用限量标准已经成为立法方针，根据不同类型土壤制定了氮磷养分的最大施用量和损失量，养殖农场则除了根据粪便处理合同与从事种植的农民签约合作，每公顷土地饲养 2.5 头牛以上的牧场，氮和磷酸盐的投入量与产出量都必须进行登记，且农场主必须缴纳粪便费。

畜禽养殖是农民增收的主要渠道之一，通常只要能力足够，养殖规模没有任何限制，所以畜禽养殖数量增长迅速。但是，在养殖业发展较快的地区，部分养殖场没有用于粪便堆制肥料的设施设备，导致粪便的随意堆放和农田过量施用成为环境的重要污染源之一。因此，必须根据耕地面积决定畜禽的养殖数量。为了确保我国畜牧生产的可持续发展，一个地区畜禽养殖密度应确保不超过这个地区土壤的承载能力。

（一）粪便运输与田间贮存

所有集约化养殖场与还田利用的农田间应建立有效的固体粪便运送网络，通过车载形式将粪便运送至农田。运输车辆应具有防渗漏、防流失和防撒落等防止粪便运输过程中污染环境的结构措施。

粪便运输到田间后贮存在贮存池中，田间贮存池应设置在运输粪便方便的砂石路或机耕路旁的农田间，必须远离各类功能的地表水体。同时，田间贮存池应建于地基坚实，并高于周边农田，不宜设置在交通道路周边或坡地内。贮存池四周应筑 1.5 米高，池底须设简易排水沟和小型田间贮液池，以便渗沥液收集，并定期抽出施用于农田中。田间贮存池采用塑料薄膜覆盖防雨，确保粪便长期堆放自然发酵，并防止堆放腐熟过程中的恶臭释放。田间贮存池总容积应以当地农作物最长施肥淡季需储存的粪便总量为依据，最小总容积不得少于 90 天的贮粪量。

田间贮存池沤制的畜禽粪便必须完全发酵腐熟和达到畜禽粪便还田技术规范的要求才能还田施用。施用时应根据气象预报选择晴朗天气，避免雨天和下雨前一天施用。施用农田与各类功能的地表水体距离不得少于 5 米。

（二）粪便农田施用方法

所有粪便还田系统的目标都是将粪肥均匀地抛撒到耕地里，使农作物尽可能地充分利用粪肥的养分。粪肥抛撒到耕地表面暴露于空气之中，由于气体挥发的原因，养分容易流失。而钾、磷等养分则会留在土壤表面，大部分无法被农作物利用，更可能随着降水被冲刷走。因此，最好的做法是用注入设备直接将粪肥注入土壤里，或者在表层施肥之后尽快翻土，将粪肥与土壤混合，减少养分流失，提高农作物对养分的利用率。

1. 基肥

粪便做基肥时，可以选择撒施、沟施、穴施和环状施入农田中。

（1）撒施。即在耕地前将肥料均匀撒于地表，结合耕地把肥料翻入土中，使肥土相融，此方法适用于水田、大田作物及蔬菜作物。

（2）条施（沟施）。即结合犁地开沟，将肥料按条状集中施于作物播种行内。适用于大田、蔬菜作物。

（3）穴施。即在作物播种或种植穴内施肥，适用于大田、蔬菜作物。

（4）环状施肥（轮状施肥）。即在冬前或春季，以作物主茎为圆心，沿株冠垂直投影边缘外侧开沟，将肥料施入沟中并覆土。适用于多年生果树施肥。

2. 追肥

粪便做追肥时，可以选择条施、穴施、环状施、根外追肥和叶面施肥。

（1）条施。即使用方法同基肥中的条施。适用于大田、蔬菜作物。

（2）穴施。即在苗期按株或在两株间开穴施肥。适用于大田、蔬菜作物。

（3）环状施肥。即使用方法同基施中的环状施肥。适用于多年生果树。

条施、穴施和环状施肥的沟深、沟宽应按不同作物、不同生长期的相应生产技术规程的要求执行。

（4）根外追肥。即在作物生育期间，采用叶面喷施等方法，迅速补充营养满足作物生长发育的需要。

二、粪水利用

将规模化养殖场产生的尿液、冲洗水及生产过程中产生的水经过一定的处理工艺进行厌氧发酵后，其中含有高量的有机质和养分，将其作为水和养分资源进行农田施用，可促进农作物的生长和土壤肥力的提高，对提高农田土壤质量和缓解农业水资源危机具有重要意义，也是缓解农业水资源短缺的重要措施之一。在为作物提供水肥的同时，也促进了养殖废弃物的循环利用，实现粮食生产和环境保护的双赢。

粪水厌氧处理后进行农田施用，已逐渐被全球农业生产所接受。许多研究表明，施用厌氧发酵后的粪水可增加作物产量，厌氧粪水中氮磷养分能够替代化学肥料补充土壤中养分，且在一定程度上提高作物养分利用率，同时，厌氧粪水含有大量有机质，进入土壤后，粪水中活性物质能活化土壤吸附的磷，使土壤被固定的磷具有明显的成效。另外，粪水施用后可增加土壤孔隙度、土壤有机碳含量。

（一）还田输送

经过厌氧处理的养殖粪水集水和养分于一体，进行粪水农田施用时，应根据养殖场匹配农田的地形和位置，合理地设置可调配水量的管道、沟渠输送系统或罐车运输系统，确

保粪水能到达需肥的农田。

农田与养殖场距离较近（1 000 米以内），应用衬砌渠道或管道输水，或采取衬砌渠道与管道输水相结合的形式，通过各个支渠进行施用。粪水渠道、管道输送系统应采用防漏、防渗结构，防止粪水输送过程中养分流失。

农田与养殖场距离较远（1 000 米以外），可在田间建立粪水农田贮存池，并设置阀门。应用粪水罐车将厌氧污水运输到农田粪水贮存池，使管道、沟渠输送系统与粪水农田储存池连接，进入田间后以中、低压输水管道为主，也可从池中抽取厌氧粪水通过各级管道输水到田间；厌氧粪水农田施用时，避免使用土质渠道，以减少粪水中养分的渗漏，防止地下水污染。

（二）田间贮存

粪水田间贮存池的布置，应根据农田的实际分布情况，以便于能均匀施用，确定粪水贮存池的数量和位置，须远离各类功能的地表水体。贮存池的总容积应以匹配农田农作物最长施肥淡季需储存的畜禽粪水总量为依据，最小总容积不得少于集约化畜禽养殖场90天的粪水贮存量。贮存池有效深度应控制在 2.0~2.5 米，池底不低于地平面以下 0.5 米，并设置防护栏和醒目标志。贮存池设置防渗膜，粪水田间贮存池需配置固定或流动的粪水还田设备。

（三）水质控制与施用作物选择

水质标准的控制是实施厌氧粪水施用的关键。控制水质的途径包括以下两方面：

一是厌氧池和贮存池的修建与完善。

二是对粪水的收集设施进行改造，比如要改进渠道汇水结构，一般情况下，粪水收集管道要封闭。

经过试验研究可以发现，作物对养分的吸收积累随着不同植株的部位而变化，会出现果实、籽粒、叶、茎、根逐渐递增的现象。所以，在选择厌氧粪水施用的作物时，需要对不同部位食用作物实行不同的施用方式。

（四）农田施用

厌氧粪水施用于农田，水量、施用次数及时期应当充分考虑作物耗水需肥量、气候条件、土壤水分动态、土壤环境状况及作物生育等。厌氧粪水农田施用时，在不影响农作物农产品卫生品质的前提下，可因地制宜地采取沟灌、渗灌、漫灌和喷灌方式。粪水农田施肥时应根据气象预报选择晴朗天气和干燥土壤，避免雨天和下雨前一天施用。同时，喷洒在农田的厌氧粪水必须在 24 小时内注入。同一地块粪水施用时间间隔不得低于 7 天。施用农田与各类功能的地表水体距离不得少于 5 米。

不同的作物可制定不同的厌氧粪水施用次数和施用量，一般为 2~3 次，单次全量厌氧粪水施用量应控制在 300~800 立方米 / 公顷，各类农田厌氧粪水单次最大施用量不得超过 900 立方米 / 公顷，对于高风险的土地，厌氧粪水施用的限值为 50 立方米 / 公顷。如种植冬小麦和夏玉米作物，一般可在小麦越冬期、拔节期和抽穗期及玉米种植后进行施用。有清水水源的地方，可以进行清水与厌氧粪水轮换施用或混合施用方式，整个轮作周期厌氧粪水带入氮量控制在 240 千克 / 公顷内。

厌氧粪水出水 NH_4^+-N 浓度范围 10~100 毫克 / 升时，适宜作物施用时期为苗期、越冬期、返青期、拔节期、抽穗期，灌水 4~5 次。施用量以 700~800 立方米 / 公顷为宜。

厌氧粪水出水 NH_4^+-N 浓度范围 100~350 毫克 / 升时，适宜作物施用时期为越冬期、返青期、拔节期、抽穗期，作物苗期应尽量避免施用，施用次数 3~4 次，厌氧粪水施用量 500~600 立方米 / 公顷为宜。

厌氧粪水出水 NH_4^+-N 浓度范围 350~600 毫克 / 升时，适宜作物施用时期为越冬期、返青期。

三、沼液利用

沼液作为畜禽粪水厌氧发酵产物，是一种宝贵资源。通过农田利用，既能解决畜禽养殖的环保问题，又能与种植业结合，实现资源化利用。通过合理储存、运输、测土配方施肥实现沼液的资源化利用。

（一）沼液储存

厌氧反应后的沼液，在非施肥季节暂存于沼液储存池中。根据种植的作物施肥周期、当地的气候条件及养殖场每天产生的沼液量，设计适当的储存周期，因作物施肥时间特定，期间可能受天气影响，建议沼液暂存池设计预存 6~9 个月。沼液暂存池底部需做防渗处理，在沙土地建议坡体进行清场夯压后附着 GCL 膨润土衬垫防渗层，随后铺设高密度聚乙烯膜（HDPE 膜），最外层使用"土工格栅 + 混凝土"结构，其他地质可采用 HDPE 膜或钢筋混凝土防渗。沼液储存池见图 2-5-1 和图 2-5-2。

图 2-5-1 沼液储存池 -HDPE 膜 + 混凝土

图 2-5-2 沼液储存池 -HDPE 膜

（二）沼液输送

沼液能否真正地回到农田，过程中的输送非常重要，沼液运输的途径常见的有罐车、管道运输。

1.罐车输送

沼液通过罐车输送到农田进行施肥，常见的罐车分两种，一种是国内的吸污车，另一种是国外普遍使用的施肥罐车。两种罐车都能够很好地实现沼液从养殖场到农田的输送。

（1）吸污车。吸污车收集、中转清理运输沼液，避免二次污染的新型环卫车辆，吸污车可自吸自排，工作速度快，容量大，运输方便，适用于收集运输粪便、粪水、沼液等液体物质，见图2-5-3。

图2-5-3　吸污车

吸污车的工作原理：由于吸粪胶管始终浸没于液面下，粪罐内的空气被抽吸后，因其得不到补充而越来越稀薄，致使罐内压力低于大气压力，粪液即在大气压力使用下，经吸粪胶管进入容罐。或者由于虹吸管接近罐底，空气被不断排入粪罐时，因其没有出路而被压缩，致使罐内压力高于大气压力，粪液即在压缩空气的作用下，经虹吸管、吸粪胶管排出罐外。

吸污车的优点：抽吸效率高、自吸、自排及直灌、使用寿命长，工作速度快，操作简便，运输方便。抽满粪罐时间≤5分钟，吸程≥8米。容积3~10立方米。

吸污车的使用范围：适用于规模较小的养殖场沼液还田或是需肥地块距离养殖场较远的地块，不用额外建设管网或者其他输送设施，施肥机动性强、灵活。

（2）施肥罐车。通过大型施肥罐车进行深施，保证沼液肥的肥效得到最好的保存，使其利用效率达到最大化，这种适用于大型农场或是农民合作社，见图2-5-4。这种设备一次性投资大，但是可以对任意地块施肥。

图 2-5-4　施肥罐车

2. 管道输送

管道输送是需一次性投资，但具有使用时间长、便于管理等优点，管道铺设完成后能够更好地按作物的需肥情况进行施肥。

养殖场自建施肥管网可以采用"污水潜水泵＋压力罐＋固定管道＋预留口"的方式将沼液输送到农田，需要使用时通过软管与预留口连接进行施肥。

（1）压力罐设置。沼液通过"污水潜水泵＋压力罐"的方式向场外输送，污水潜水泵设置压力启停装置，在池压力罐后端设置总开关，实现沼液利用源头总控，见图2-5-5。输送方式采用"两进一出（即进入压力罐采用两个110PVC管，出水采用一个160PVC管）"。单个压力罐的输送距离控制在2千米以内，保证施肥季节的最大流量和最高利用率。

图 2-5-5　污水潜水泵＋压力罐

（2）固定管网。沿田边地头铺设农田管网，主材料采用 PVC 管，管道埋深 80 厘米以上，防止农民耕地或其他因素损坏。管网连接处要密封严实，防止跑冒滴漏。根据可施肥时间、沼液量及土地面积配套管网长度。固定管可由 160 毫米的主管道、110 毫米的分管道和 75 毫米的预留口组成，见图 2-5-6 和图 2-5-7。

图 2-5-6　固定管道

图 2-5-7　预留口

根据地形与施肥便捷的原则，在田间地头设置预留口，预留口用水泥柱保护防止破坏。施肥软管可使用消防水管，方便移动，软管长度根据固定管网内沼液压力大小确定，不宜超过 150 米。沼液暂存池处设总阀门，每条主管线设置支阀门，每个施肥口再设阀门控制，控制好阀门的开关，防止预留口沼液的滴漏及其他恶意损害而造成污染。

（三）沼液施用

施肥时间应根据作物的养分需求时间确定，施肥一般采用基肥和追肥的方式，基肥可采用开沟漫灌的方式，建议隔行施肥，避免过量施肥；追肥依据便捷性原则，可采用沟灌、喷灌、滴灌等方式，见图 2-5-8。

图 2-5-8　喷灌沼液

基肥与追肥的施加量应根据土地及作物不同时间的需肥量确定，一般大田作物如小麦、玉米，可基肥一次，追肥一次，施加比例可控制在 2 : 1，具体数据应与作物匹配。若地下水水位较浅区域建议采用喷施或滴灌施肥，防止对地下水影响。几种主要蔬菜的沼液与化肥配合年参考施用量见表 2-5-1。

表 2-5-1　几种主要蔬菜沼液与化肥配合年参考施用量　（单位：千克/公顷）

蔬菜种类	沼液施用量	尿素施用量	过磷酸钙施用量	氯化钾施用量
番茄	30 000	450	315	645
黄瓜	30 000	300	495	360

注：来源于 NY/T 2065-2011《沼肥施用技术规范》

四、畜禽养殖土地承载力测算

畜禽粪便中所含的氮磷养分满足农作物生长，基本要求是作物营养需求和施用粪便的营养成分总量达到平衡。用经过处理的粪便作为肥料满足作物生长需要，其用量不能超过当地土地消纳能力，避免造成土壤板结、农作物渗透失水消亡及地表和地下水体污染等。

畜禽养殖土地承载力为作物在单位农田种植面积下，作物总养分需求量中通过畜禽粪便养分提供的承载家畜最大数量。畜禽养殖土地承载力的大小由区域水资源量、畜禽养殖发展水平、区域土地量、当地畜禽养殖污染治理技术水平、政策法规等多方面因素所决定。有关土地承载力的计算可分为两种类型，一是根据一定生产条件计算土地生产潜力，二是在前面的研究基础上，根据一定饲养水平计算土地资源承载畜禽的数量。

（一）根据区域内作物总产量的养分需求估算

参考国外经验和我国相关研究成果与标准，建议依据区域内土地对畜禽养殖氮养分的负荷能力，测算畜禽养殖土地承载力，即主要根据区域内作物总产量的养分需求估算单位耕地养分需求，区域内粪肥总养分产生量和供给量，在此基础上进行养分需求与土地承载力核算。

1. 作物总养分需求

根据各地区统计的主要粮食作物、蔬菜和水果的产量，乘以每种粮食（蔬菜、水果）单位产量所需的氮（磷，钾）养分量，主要作物单位产量养分吸收量推荐值见表 2-5-2，其他作物可以查阅文献，或根据当地实测数据，累积求和获得该地区作物的总的养分需求，单位以吨计，具体计算公式如下。

公式

$$A_{total} = \sum y_i \times a_i \times 10^{-2} \qquad ①$$

式中：

A_{total}——区域内各种作物总产量下需要吸收的氮素量，吨。

y_i——区域内第 i 种作物总产量，吨。

a_i——第 i 种作物收获 100 千克产量吸收的氮的量，千克/100 千克，主要作物吸收的氮的量见表 2-5-2。

表 2-5-2　形成 100 千克产量所吸收营养元素的量

作物种类	氮（千克）	磷（千克）	钾（千克）	产量水平（吨/公顷）
小麦	3.0	1.0	3.0	4.5
水稻	2.2	0.8	2.6	6
苹果	0.3	0.08	0.32	30
梨	0.47	0.23	0.48	22.5
柑橘	0.6	0.11	0.4	22.5
黄瓜	0.28	0.09	0.29	75
番茄	0.33	0.1	0.53	75
茄子	0.34	0.1	0.66	67.5
青椒	0.51	0.107	0.646	45
大白菜	0.15	0.07	0.2	90

注：表中作物形成 100 千克产量吸收的营养元素的量为相应产量水平下吸收的量

2. 单位耕地养分需求

根据计算获得的作物总养分需求量除以该地区总的耕地面积，获得单位耕地面积氮养分需求，单位以千克/公顷计，具体计算公式如下。

$$N_{average} = \frac{A_{total} \times 1000}{Area_{total}} \qquad ②$$

式中：

A_{total}——区域内各种作物总产量下需要吸收的氮素量，吨。

$Area_{total}$——区域内总的耕地面积，公顷。

$N_{average}$——区域内单位耕地面积氮素平均需求量，千克/公顷。

3. 区域粪肥总养分产生量

依据不同畜禽日排泄的固体粪便和尿液量，以及粪便和尿液中的氮的浓度值，乘以该种动物的饲养周期，就可以计算出不同畜禽累计排泄氮量，计算过程如公式③，各种动物粪尿产生量和饲养周期推荐值见表 2-5-3，不同动物粪尿中养分含量推荐值见表 2-5-4，不同动物粪便排泄氮量乘以饲养量（其中，生猪、肉牛、肉羊以出栏数计算，奶牛和蛋鸡以存栏数计算，求和就得到该区域畜禽粪肥总的氮养分产生量，具体计算过程如公式④，单位以吨计。

$$NM_i = (M_{s,i} \times C_{s,i} + M_{l,i} \times C_{l,i}) \times D_i \times 10^{-3} \qquad ③$$

式中：

NM_i——区域内第 i 种动物排泄的总氮量，千克/头（只）。

$M_{s,i}$，$M_{l,i}$——区域内第 i 种动物每天产生的固体粪便和尿液量，千克/天。

$C_{s,i}$，$C_{l,i}$——第 i 种动物粪便和尿液中氮的含量，克/千克。

D_i——第 i 种动物饲养周期，天。

$$NM= \sum NM_i \times P_i \times 10^{-3} \qquad ④$$

式中：

NM——区域内所有动物排泄的总氮量，吨。

NM_i——区域内第 i 种动物排泄的总氮量，千克/头（只）。

P_i——区域内第 i 种饲养量，头（只）。

表 2-5-3　畜禽粪便排泄系数推荐值

项目	单位	猪	牛	鸡	鸭
粪	千克/天	2.0	20.0	0.12	0.13
	千克/年	398.0	7300.0	25.20	27.30
尿	千克/天	3.3	10.0	—	—
	千克/年	656.7	3650.0	—	—
饲养周期	天	199	365	210	210

表 2-5-4　畜禽粪便中污染物平均含量　（单位：千克/吨）

项目	COD	BOD	NH_4^+-N	总磷	总氮
猪粪	52.0	57.03	3.1	3.41	5.88
猪尿	9.0	5.0	1.4	0.52	3.30
牛粪	31.0	24.53	1.7	1.18	4.37
牛尿	6.0	4.0	3.5	0.40	8.00
鸡粪	45.0	47.9	4.78	5.37	9.84
鸭粪	46.3	30.0	0.8	6.20	11.00

4. 区域粪肥总养分供给量

考虑到畜禽粪便产生后，粪便在收集、贮存和处理过程中部分氮会以氨气等形式损失掉，实际能够供给农田的量需要乘以一定的系数，区域粪肥养分供给量计算公式如下。

$$NM_{sup}=NM \times (1-P_{lost}) \qquad ⑤$$

式中：

NM_{sup}——区域内畜禽粪便氮养分总供给量，吨。

NM——区域内所有动物排泄的总氮量，吨。

P_{lost}——畜禽粪便管理过程中氮损失率，%。

氮损失率一般为 30%~40%，如果当地测定值，可以使用当地测定值。

5. 单位耕地面积粪肥养分供给量

根据该区域各种畜禽粪肥总养分供给量除以区域总耕地面积，就可以获得单位耕地面积总养分供给量，计算过程公式如下。

$$NM_{average}=\frac{NM_{sup} \times 1000}{Area_{total}}$$ ⑥

式中：

NM_{sup}——区域内畜禽粪便氮养分总供给量，吨。

$Area_{total}$——区域内总的耕地面积，公顷。

$NM_{average}$——区域内单位耕地面积粪肥养分供给量，千克/公顷。

6. 粪肥养分土地承载力分析

将区域内粪肥养分最高替代化肥的比例系数乘以单位耕地面积养分需求，就可以计算获得区域单位耕地面积粪肥养分需求，计算公式如下。

$$NM_{need}=N_{average} \times P_{manure}$$ ⑦

式中：

NM_{need}——区域内单位耕地粪肥氮养分需求量，千克/公顷。

$N_{average}$——区域内单位耕地面积氮素平均需求量，千克/公顷。

P_{manure}——区域内粪肥替代化肥的比例，%。

一般情况下有机肥和无机肥施肥比例为4:6，建议粪肥替代化肥的比例为40%，如果当地有更高的替代比例，也可以使用当地推荐的比例。

通过比较区域内单位耕地面积粪肥氮养分供给量与粪肥氮养分需求量，如果前者大于后者，表明该区域畜禽养殖超过耕地的承载力，如果前者小于后者，表明该区域畜禽养殖未超载。

7. 区域养殖量核减计算

根据第6步计算结果判断该地区畜禽粪便养分负荷超载后，根据公式⑧可计算获得区域需要核减的养殖量，以猪当量计。

$$P_{pig}=\frac{(NM_{average}-NM_{need}) \times Area_{total}}{NM_{pig} \times (1-P_{lost})}$$ ⑧

式中：

P_{pig}——区域内需要核减的动物数量，以猪当量计，头（只）。

$NM_{average}$——区域内单位耕地面积粪肥养分供给量，千克/公顷。

NM_{need}——区域内单位耕地粪肥氮养分需求量，千克/公顷。

$Area_{total}$——区域内总的耕地面积，公顷。

NM_{pig}——区域内单位生猪排泄的总氮量，千克/头（只）。

P_{lost}——畜禽粪便管理过程中氮损失率，%。

其他畜种核减量可以根据不同畜禽排泄氮量与猪排泄氮量的比例关系进行换算，具体换算公式如下。

$$P_i = \frac{P_{pig} \times NM_{pig}}{NM_i} \qquad ⑨$$

式中：

P_i——区域内需要核减 i 种动物饲养量，头（只）。

P_{pig}——区域内需要核减的猪当量数，头（只）。

NM_{pig}——区域内单位生猪排泄的总氮量，千克/头（只）。

NM_i——区域内第 i 种动物单位排泄的氮量，千克/头（只）。

此外，欧盟规定耕地上畜禽粪便的氮施用限制标准为170千克/公顷，因此，国内许多文献直接采用欧盟方法进行土地承载力方面的计算，即省略公式①、②，直接以170千克/公顷作为单位耕地面积氮养分的最大需求进行衡量，其他步骤一样。但从作物养分需求的角度考虑，果园、菜地、茶园、大田等对有机肥的需求量不尽相同，同样面积的土壤由于种植模式不同，导致能够消纳的有机肥也不尽相同，因此，不能简单照搬欧盟限量标准，而应从作物的养分需求出发，基于氮平衡的土地畜禽粪便承载力分析，这对土地对畜禽粪便的承载能力更有指导意义。

（二）案例

1. 以县域为单位计算畜禽养殖土地承载力实例

（1）作物总养分需求估算。以南方水网地区某典型县 2014 年统计资料为例进行案例研究，表 2-5-5 是该县统计的主要作物、蔬菜和水果的产量情况。

表 2-5-5　南方某县 2014 年粮食作物产量统计　（单位：吨）

项目	稻谷产量	小麦产量	玉米产量	油料产量	棉花产量	豆类产量	薯类产量	蔬菜产量	瓜果产量
产量	468 462	864	24 028	34 444	8 165	6 367	17 846	422 879	85 181

表 2-5-6 是基于表 2-5-2 和相关基础数据得到的该区域主要作物、蔬菜和水果等收获 100 千克产量所吸收的氮量。

表 2-5-6　各种作物 100 千克产量需氮量　（单位：千克/100 千克）

项目	稻谷	小麦	玉米	油料	棉花	豆类	薯类	蔬菜	瓜果
需氮量	2.2	3	2.3	7.19	11.7	7.2	0.5	0.43	0.44

根据公式①及表 2-5-5 和表 2-5-6 中的数据可以计算获得该县作物中的氮需求量为 17 057.4 吨。

（2）单位耕地养分需求估算。该县耕地面积为 48 283 公顷，根据公式②可以计算获得该县单位耕地面积上平均需要氮素量为 353.3 千克/公顷。

（3）区域粪肥总养分产生量估算。表 2-5-7 给出了该案例县 2014 年各种畜禽饲养量情况，利用表 2-5-7 中的饲养数据以及公式③和公式④，并采用了表 2-5-3 表 2-5-4 中的各种畜禽粪尿产生量和粪尿中的氮含量测算出该案例县畜禽粪肥总的氮养分产生量约为 13 831.3 吨。

表 2-5-7 案例县 2014 年各种动物饲养情况 （单位：万头、万只）

项目	生猪出栏	肉牛存栏	奶牛存栏	肉鸡出栏	蛋鸡存栏	水禽存栏
数量	156	8.01	0.01	473.5	217.5	61.96

（4）区域粪肥总养分供给量。考虑到畜禽粪便产生后，粪便在收集、贮存和处理过程中部分氮会以氨气等形式损失掉，实际能够供给农田的量需要乘以一定的系数，本案例研究按照粪便管理过程中损失率 30%，依据公式⑤计算出区域粪肥总养分供给量为 9 682 吨。

（5）单位耕地面积粪肥养分供给量。根据公式⑥，计算得到案例县单位耕地面积粪肥养分供给量为 200.5 千克/公顷。

（6）粪肥养分土地承载力分析。根据公式⑦，选择案例县粪肥养分最高替代化肥的比例系数为 40%，计算获得区域单位耕地面积粪肥养分需求量为 141.3 千克/公顷。

而通过公式⑤计算获得的该案例县粪肥养分供给量为 200.5 千克/公顷。该案例县畜禽养殖量已经超过当地耕地作物的氮需求量负荷，该案例县畜禽养殖超过土地承载力，需要对养殖量进行核减。

（7）区域养殖量核减计算。根据上述步骤计算的结果，利用公式⑧计算获得了该县需要核减的养殖量为出栏 90.6 万头生猪当量。

2. 配套表格

为方便计算以县域为单位的养殖土地承载力，可参照使用表 2-5-8 至表 2-5-13，利用公式进行计算。

表 2-5-8 各乡（镇）畜禽养殖情况汇总

乡镇	生猪（头）			奶牛（头）		肉牛（头）		肉羊（只）		家禽（万羽）			
	年末出栏	畜禽养殖		年末总存栏	规模养殖存栏	年末总出栏	规模养殖出栏	年末总出栏	规模养殖出栏	蛋鸡		肉鸡	
		出栏50头以上	出栏500头以上							年末总存栏	规模养殖存栏	年末总出栏	规模养殖出栏
合计													

注：规模养殖场标准以各省根据实际养殖划定为准

表 2-5-9 县域畜禽养殖粪便产生量统计

乡镇	畜禽粪尿排放含量（以猪粪当量计，吨）					TN（吨）	TP（吨）
	猪	牛	羊	家禽	合计		
合计							

表 2-5-10 县域耕地面积情况统计

乡镇	耕地面积（公顷）	耕地面积（公顷）	
		水田	旱地
合计			

表 2-5-11 单位耕地面积需求粪便负荷量

乡镇	耕地面积（公顷）	粪尿承载量（吨/公顷）	单位耕地氮素负荷量（千克/公顷）

表 2-5-12 县域种植面积及氮素需求量统计

乡镇	水稻（早中晚）	油菜	棉花	水果	蔬菜	全年氮素需求量（吨）
合计						

表 2-5-13 县城畜禽养殖与土地承载力统计

乡镇	可利用土地面积（公顷）	现存饲养量	可承载畜禽养殖量
合计			

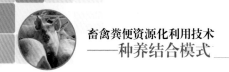
2.养殖场匹配土地承载力计算实例

计算方法为参照表2-5-3和表2-5-4，利用公式③、④、⑤计算出养殖场可产生的总养分供给量，再参照表2-5-2或有关基础数据，利用公式①、②计算出单位面积氮素平均需求量，最后用总养分供给量除以单位面积氮素平均需求量可得出作物的种植面积，也就是养殖场粪便还田配套种植面积。

（1）出栏10 000头猪场计算实例。猪场每年出栏10 000头猪，周边配套农田种植小麦，亩产为500千克/亩，粪便再收集、贮存和处理过程中氮损失率为35%，粪便作为有机肥和无机肥施肥比例为4∶6，计算配套种植面积计算如下：

参照实际亩产量，及表2-5-2中小麦100千克产量吸收的氮素含量，根据公式①和公式②：

作物总需求=0.5×15×3×0.01=0.225吨

单位耕地养分需求=0.225×1 000=225千克/公顷

计算得出种植小麦单位耕地养分需求为225千克/公顷。

根据公式③计算出年猪粪肥氮排泄产生量为：

猪排泄氮量=（2×5.88+3.3×3.3）×199×0.001=4.5千克/头

根据公式④计算出出栏10 000头养猪场粪肥氮产生量为：

猪总排泄氮量=4.5×10 000×0.001=45吨

根据公式⑤计算出栏10 000头猪场粪肥氮总养分供给量：

粪肥氮总养分供给量=45×（1-0.35）=29.25吨

有机肥和无机肥比例为4∶6，则总需求氮量为29.25÷0.4=73.13吨

则需要配套小麦面积为：（73.13×1 000）÷225=325.02公顷

（2）存栏1 000头牛场计算实例。牛场存栏1 000头，周边配套农田种植小麦，亩产为500千克/亩，粪便再收集、贮存和处理过程中氮损失率为35%，粪便作为有机肥和无机肥施肥比例为4∶6，计算配套种植面积计算如下：

根据公式①和公式②计算得出种植小麦单位耕地养分需求为225千克/公顷。

根据公式③计算出年牛粪肥氮排泄产生量为：

牛排泄氮量=（20×4.37+10×8）×365×0.001=61.1千克/头

根据公式④计算1 000头牛场粪肥氮产生量为：

牛总排泄氮量=61.1×1 000×0.001=61.1吨

根据公式⑤计算出栏1 000头牛场粪肥氮总养分供给量：

粪肥氮总养分供给量=61.1×（1-0.35）=39.72吨

有机肥和无机肥比例为4∶6，则总需求氮量为39.72÷0.4=99.3吨

则需要配套小麦面积为：（99.3×1 000）÷225=441.34公顷

第三章　应用要求

第一节　适用范围

一、养殖畜种

种养结合模式适用于猪、牛、禽等所有畜禽养殖场的养殖粪便处理与综合利用。畜禽养殖场粪便经固液分离后，粪水进入沼气系统厌氧发酵或进入规范配套设计建设的氧化塘深度处理，满足还田使用要求还田利用；固体粪便经过堆积发酵后还田利用。

猪场粪便清理技术主要有水冲清粪、水泡（或尿泡）粪、机械（或人工）干清粪等。水冲清粪，所配置的工艺与设备比较简单，操作方便，但用水量大，给后期粪便处理（特别是夏季和冬季缺水时节）造成很大压力，故不提倡采用此方式清粪。水泡（或尿泡）粪，是近年来我国较大规模猪场较多采用的一种清粪方式，比水冲清粪节约用水和人力，操作简单，运行费用更低，但是舍内氨气、硫化氢等废气含量偏高且囤积时间长，易导致畜禽感染呼吸道疾病等，粪水混合物后续处理难度大、成本高。干清粪是目前粪便处理的最佳方法，人工干清粪人力成本较高，机械干清粪前期机械购置安装成本较高。

牛场粪便清理技术主要有水冲清粪、人工清粪、机械清粪等。相对其他畜禽，牛排泄粪便量较大，水冲清粪要求水源充足且不能间断，故冬季和夏季缺水时节不宜采用。人工清粪简单灵活、投资少，但是人工成本大，目前逐渐被机械清粪代替。机械清粪机械操作简便，省人工，运行成本低，较受欢迎。

鸡场粪便清理技术主要有人工清粪、机械清粪等。人工清粪主要用于网上平养和地面平养鸡场，机械清粪在笼养鸡场广泛使用。

应用发酵床垫料处理畜禽粪便在猪场应用较广泛，牛、家禽等畜禽逐渐开始普及。

二、养殖规模

种养结合模式简单、易操作、处理成本相对较低、可实现农牧结合生态循环利用，适用于不同规模的畜禽养殖场。

小规模畜禽养殖场主要适合人工清粪，中大规模养殖场宜采用机械清粪方式。

中小规模养殖场适用于自然堆肥法处理粪便；大规模养殖场适合发酵槽、生物发酵塔堆肥；蚯蚓堆肥目前适合于猪粪、牛粪、羊粪堆肥。

三、养殖环境

采用种养结合模式，粪便需有足够的贮存空间，并有足够的土地进行消纳，因此，此类模式适用于远离城镇，土地宽广，周边有足够良田良地来消纳养殖场粪便的地区，特别是蔬菜、果树、茶园、林木、大田作物等种植区域。

养殖场内部要有足够空间配套修建无害化处理设施及沼渣沼液、堆肥的贮存设施。

第二节　注意事项

一、无害化处理

畜禽粪便还田前，需要进行处理，充分腐熟并灭杀病原菌、虫卵及杂草种子等。未经无害化处理的粪便不得施于农田。粪便堆肥无害化卫生学要求见表 3-2-1，液态粪便厌氧无害化卫生学要求见表 3-2-2。

表 3-2-1　粪便堆肥无害化卫生学要求

项目	卫生标准
蛔虫卵	死亡率 ≥ 95%
粪大肠杆菌群数	≤ 10^5 个 / 千克
苍蝇	有效控制苍蝇孳生，堆体周围没有活的蛆、蛹或新羽化的成蝇

注：来源于 NY/T 1168—2006 畜禽粪便无害化处理技术规范、GB/T 25246—2010 畜禽粪便还田技术规范

表 3-2-2　液态粪便厌氧无害化卫生学要求

项目	卫生标准
寄生虫卵	死亡率 ≥ 95%
血吸虫卵	在使用粪液中不得检出活的血吸虫卵
粪大肠杆菌群数	常温沼气发酵 ≤ 10 000 个 / 升，高温沼气发酵 ≤ 100/ 升
蚊子、苍蝇	有效地控制苍蝇孳生，粪液中无孑孓，池的周围无活的蛆、蛹或新羽化的成蝇
沼气池粪渣	达到表 3-2-1 要求后方可用作农肥

注：来源于 NY/T 1168—2006《畜禽粪便无害化处理技术规范》、GB/T 25246—2010《畜禽粪便还田技术规范》

二、安全生产

畜禽养殖场粪便处理及贮存设施，应与养殖场规模、处理方式相配套，相关设施位置应距离地表水体400米以上，底部和四周要进行防渗漏处理，粪便堆积设施还要求顶部有遮雨棚，贮存设施必须有足够的空间。

畜禽粪便处理及贮存设施周围应设置安全警示牌和围栏等防护措施，保障人畜安全。尤其是液体粪水贮存池可能给工作人员的人身安全带来威胁。长时间处于高浓度硫化氢、氨气等气体的环境中，人体会出现头痛、眼睛刺痛等症状，乃至发生死亡。另外，为防掉进贮存池里，不得单独在液体粪水储存塘周围作业。可用绳索一端捆绑在身体上并将其拴在一个固定物体上（如拖拉机、汽车或者牢固的立柱等），减少意外发生的可能性。

畜禽粪水需要进行处理，处理后的沼渣沼液、废水需要达到标准方可施用或排放。畜禽粪便作为肥料应充分腐熟，卫生学指标及重金属指标含量相关等还田使用需要达到国家相关标准的要求后方可施用。有机肥料污染物质允许含量见表3-2-3。

表3-2-3　有机肥料污染物质允许含量（单位：毫克/千克）

项目	浓度限量
总镉（以 Cd 计）	≤ 3
总汞（以 Hg 计）	≤ 5
总铅（以 Pd 计）	≤ 100
总铬（以 Cr 计）	≤ 300
总砷（以 As 计）	≤ 70

注：来源于 NY/T 2065—2011《沼肥施用技术规范》

第三节　启示和建议

一、健全法制体系

发达国家和地区在畜牧和畜禽养殖污染控制方面普遍都建立了配套的政策、法律和标准，也建立了各项行动计划。我国应加快畜禽养殖污染控制相关法律法规体系构建，制定完善相关环境标准和排放标准，建立多渠道的信息收集机制，针对不同性质的污染类型制度相应的政策和管理计划。在原有的法律法规基础上，充分借鉴国外发达国家的成功经验，结合当地畜禽养殖业发展和污染治理的实际情况，制定地方性畜禽业生产废弃物环境标准及行业标准、畜禽粪便综合利用和污染治理等一系列的地方法规与标准，特别是要完善生产操作规程、产品质量标准，对生产企业试行 HACCP 质量监控体系，并将其纳入日常环保管理，使得环境管理有法可依、执法必严。此外，各有关部门应明确其管理职能，形成互相配合、协同补充的机制。

二、分类管理

发达国家和地区对畜牧养殖业污染控制重点是关注养殖规模。美国将一定规模以上养殖场作为点源管理，实现连续达标排放。非点源污染按国家养殖业非点源污染防治规划建立各级政府的非点源污染管理计划，完善非点源污染的监测、普查和评估体系，实施流域综合管理计划。我国可借鉴按养殖规模分类管理畜禽养殖粪便处理与综合利用。

三、合理规划

可借鉴欧盟种养平衡区域一体化畜禽养殖业方式，结合地区植被资源、农田面积、土壤肥力、人力资源等情况综合规划地区载畜量。从经济效益的角度分析，考虑到资源、交通、环境、市场等因素，科学合理地规划畜禽业的种类、结构、规模和布局。通过合理规划布局，一方面可以确定该区域的养殖优势，形成规模效益；另一方面方便污染治理的同时，也缓解了养殖业对城镇发展带来的环境压力。

畜禽场的选址应总体进行合理规划，畜牧部门应会同农业部门向土地管理部门提出畜禽养殖发展区域规划及设施用地利用规划，争取将畜牧养殖设施用地明确写入当地土地利用规划中。以"相对集中、适度分散、科学规划、合理布局、种养结合"为选址原则，在规划时就充分考虑种养结合，实现资源的有效利用和转化。

符合城乡总体规划，畜牧业发展规划，土地利用规划布局的总体要求，应当遵守禁养区、限养区的规定。在人口密集区和环境敏感点严格限制发展畜禽场。

抓紧制定畜禽养殖场选址方面的强制性规定，充分重视畜牧业和种植业的有机结合，利用政府部门的主导作用推动种养结合模式，避免因布局不合理而造成对环境的污染。

坚持农牧结合、生态养殖，既要充分考虑饲草料供给、运输方便，又要注重公共卫生。养殖场选址时要充分考虑环境保护，既不能对周边环境造成污染破坏，也不能选择所在地理环境对生产造成影响的地区，例如不能选择水源地、洪涝灾害易发地等。同时还须对周边地区的环境容量、环境承载力进行评估，一定要有足够用于消纳养殖场粪污的配套面积土地。必须坚持农牧结合、林牧结合、果牧结合以及发酵床生态健康养殖模式，实现行业结合、循环利用、相互促进、共同发展，逐步实现畜禽规模养殖场（小区）布局合理化、生产标准化、产品无公害化、资源循环利用化、环境清洁化，在发展养殖业过程中，保证区域环境生态平衡和可持续发展。

对新建、改建和扩建的畜禽养殖场，必须按照建设项目环境保护法律、法规的规定，进行环境影响评价，同时办理相关的审批手续。对已有的畜禽场应加强污染治理。

四、加大财政支持

我国应加大畜禽养殖污染治理方面的财政投入力度，加大防治污染方面的宣传力度，推广生态养殖技术，从多层面逐步培养养殖业主的环境保护意识。资金短缺一直是畜禽养殖业污染治理中最大的问题。一方面，在防治畜禽污染的过程中，应制定一些优惠鼓励政策并给予适当的经费补助。可以征收养殖税（费），使小规模养殖户出局，对养殖总量进行控制；征收超标排污税（费），促使养殖户达标排污；开展畜禽养殖排污权交易，使排污权在养殖户之间流通，实现外部不经济内部化公平，降低总控制成本。投资或提供无息低息贷款等优惠政策，支持和鼓励兴建畜禽粪便处理厂和复合有机肥加工厂；引导农民多施用有机肥；对畜禽养殖场排污超标者进行收费等环境经济手段。政府对专业户建造沼气工程有补贴。

健全法案，规定每公顷载畜量标准、畜禽粪便废水用于农用的限量标准，限制养殖规模的盲目扩大，农民和养殖户都可获得养殖补贴。根据农场的耕作面积安装粪便处理设备，通过减少载畜量、选择适当的作物品种、减少无机肥料的使用、合理施肥等良好的农业实践减少对环境造成的负面影响。

积极引进域外资金，将畜禽粪便作为资源进行产业化、市场化运作，以招商引资的方式，吸引投资者办厂，生产加工有机肥等能综合利用粪便的项目。另外，省、市、县、镇、社会各方面拓宽融资渠道，增大环保投资强度，推进环保产业化。具体来说，"谁污染，谁治理"的原则，即环境治理费用在养殖企业和社会之间分摊，共同承担，从而形成经济效应、生态效应和社会效应三赢的格局。

五、鼓励资源化利用

鼓励将畜禽粪便生产优质有机肥用于农业生产，鼓励通过沼气化、酸化、沉淀后，再利用生物塘及土地处理系统进行处理畜禽粪水，做到有效资源综合利用。鼓励实施水肥一体化及相关施肥技术研究。在大中型畜禽养殖场推广建立施用有机肥的绿色农作物种植基地，并实施有关优惠政策，调动起企业利用养殖业产生粪便生产无公害、绿色、有机食品的积极性，使施用有机肥的绿色产品获得丰厚的市场回报。

第四章　典型案例

第一节　猪场案例

案例1　河南牧原食品股份有限公司
【干粪堆肥 + 沼液还田】工艺

一、企业简介

牧原食品股份有限公司位于河南省南阳市，始建于1992年，是国内规模较大的一体化、现代化、全自养生猪养殖企业，单场规模最大年出栏生猪40万头。现有11个饲料厂、65个养殖场（含子公司），年加工饲料400万吨、出栏生猪约260万头。公司研发了机械刮板清粪模式，实施源头节水和饲料管控，采取粪便高温堆肥、尿液厌氧处理，粪尿全部作为肥料农田利用，不向自然沟渠河道排放。通过将种植与养殖结合，养猪废弃物实现资源循环利用。

二、工艺流程

牧原食品股份有限公司粪便处理与综合利用流程见图4-1-1。

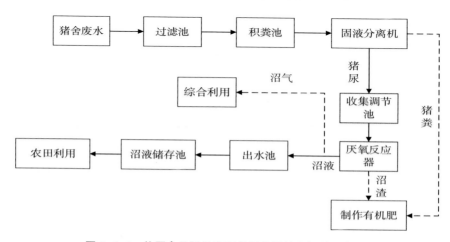

图4-1-1　牧原食品股份有限公司粪便处理与利用流程

三、技术单元

在源头控制方面，采用全漏缝地板，养殖过程不使用清水冲洗，见图4-1-2和图4-1-3。改进饮水器，采用水位限制器控制猪只玩水及嘴角漏水，见图4-1-4。采用电脑控制喷雾降温减少用水及高压水枪冲洗圈舍地面，采取节水奖励制度，强化节水管理。严格控制饲料中铜、锌等微量元素，并利用微生态发酵技术，尽可能提高饲料中各类物质的吸收利用率，降低其在粪便尿液中的排出量。

在无害化处理方面，固粪及沼渣通过高温好氧发酵，杀灭病原微生物，制成有机肥外销。尿液厌氧处理，产生的沼液暂存于沼液储存池，在施肥季节进行农田利用。

图4-1-2　全漏缝地板

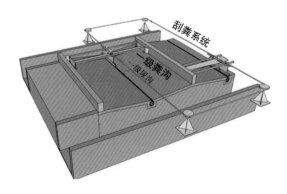

1.机械干清粪工艺

2.干清粪工艺猪舍

图4-1-3　牛清粪工艺图及实景

1. 自动化饲喂系统   2. 限位饮水器

图 4-1-4   自动饲喂及饮水系统

图 4-1-5   沼液还田管道和管口

图 4-1-6   沼液还田设施实景

在资源化利用方面，根据施肥周期及气候条件，设计能够预存 9 个月以上的沼液储存池。储存池先铺设防渗膜，后浇筑钢筋混凝土防渗层，确保防渗漏、防溢流，不对地下水造成污染。免费为周边农民铺设沼液施肥管网，采用加压输送方式将液肥输送到农田，方便农民施用，见图 4-1-5、4-1-6。根据农田氮磷钾测定情况，实施测土施肥。定期对土壤监测，在施肥前期公司对沼液各项指标化验检测，根据不同作物确定施肥量。

四、经济效益分析

以年出栏 10 万头商品猪为例：环保设施设备总投资 650 万元，沼液运营费用 2.9 元/头，有机肥成本 450 元/吨（所述费用包含折旧、维护、维修、用电、人工等所有成本）。沼液目前免费供应农户施肥，可施肥 2 000 余亩，降低农户化肥成本 200 元/（亩·年），粮食产量平均提高 200 公斤，总社会价值 870 余万元；年可生产 3 000 余吨有机肥，售价 850 元/吨，可获利 120 万元/年。

案例2 湖北武汉中粮江夏山坡原种猪场
【有机肥加工＋猪－沼－田、林、鱼】工艺

一、猪场简介

武汉中粮肉食品有限公司是世界500强中粮集团成员企业之一，是一家集饲料加工、生猪养殖、屠宰加工、分销物流、品牌推广、食品销售为一体的农业产业化国家重点龙头企业。

中粮江夏山坡原种猪场是中粮投资建设的大型规模化现代化原种猪场之一，采用技术领先的养殖设备和养殖工艺。该场位于武汉市江夏区山坡乡新生村，占地351亩（15亩＝1公顷。以下同），国外进口母猪2 200头，总投资8 000万元，其中环保投资1 300万元。

二、工艺流程

猪场采用漏粪工艺，粪便处理采用沼气工程＋沼液资源化利用的模式，年出栏5万头，每年产生沼液8万立方米。为了配合沼液合理、科学使用，现场建设共三期16.1千米返田施肥管道，3千米支管、2千米临时软管以及8座2 500立方沼液暂存池。管道共覆盖藕塘、苗木、南瓜、辣椒地面积达6 000亩，同时配有沼液运输推广车1辆，覆盖周边10千米范围内的小面积种植户。公司目前采用的基本工艺和流程是：畜禽粪便经厌氧发酵，产生沼气、沼液和沼渣。沼气作为能源供猪场日常生活用气、发酵罐增温锅炉用气、病死猪无害化处理蒸煮设备用气以及沼气发电自用。沼液作为一种高效的有机肥用于苗木、农作物种植，能促进作物生长、大量减少化肥使用，还能改良土壤，实现生态循环利用持续发展，见图4-1-7。

三、技术单元

粪便的处理和沼液沼气的产生和利用全部采用工厂化管理，编制管理制度，明确岗位职责，下达管理目标和任务。每个沼气站管理团队均由1个站长和4个技术工人组成。站长负责协调站内工作，技术工人除了做好站内的设备检查和维修以及保养外，主要的工作是沼液返田和推广。站内的日常管理和设备检查、维修、保养都有相关的标准手册和准则，每个人必须严格按照标准SOP来操作。

同时做到科学施肥，根据公司猪场生产及用水要求，猪场常年存栏2.5万头，每年出栏5万头，大约产生8万方粪便（数据跟随存栏量有所波动），沼气站处理能力为每年10万立方米，见图4-1-8。满足生产上限值，沼气站有存储半年以上的沼液存储池（公司共建设

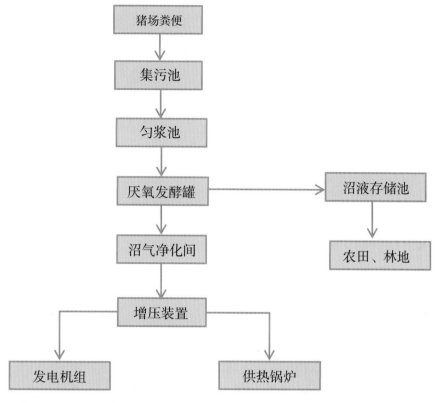

图 4-1-7　工艺流程

沼液池 4 万立方米），以解决每年施肥淡季沼液沼肥的存储问题，见图 4-1-9。根据国家畜牧及环保的要求，每出栏 10 000 头猪需配备 1 000 亩土地消纳。公司现场铺设 16.1 公里主管，覆盖 6 000 亩农田，其中 5 000 亩已经开始稳定施肥，另 1 000 亩作为推广备用。为了做好沼液的资源化利用，公司每个季度对沼肥使用区域土壤养分含量进行检测，主要检测土壤有机质和氮磷钾等指标，同时每季度对沼液的养分进行检测，然后根据种植作物的种类结合土壤养分以及沼液养分含量水平给出施肥方案，严格控制沼液的使用量，做到安全、科学使用沼肥，真正实现沼液的资源化利用（图 4-1-10）。

图 4-1-8　沼气发酵池

图 4-1-9　站内的沼液存储池

1. 管道安装

2. 管道接头

3. 水田施用沼液底肥

4. 沼液推广运输车

图 4-1-10　沼液施用管网和运输车

四、投资效益分析

　　猪场在发展生猪养殖的同时更加注重粪便的资源化利用，秉着生态养殖、循环资源化利用的原则将沼液无偿给猪场周边农户施用，同时给予技术指导。山坡站苗木基地使用沼液种树，每年每亩节约化肥约 300 元，2 000 亩苗木一年节约肥料 60 万元。此外，使用沼液后，樟树的成材期大大缩短，由原来的 5 年成材缩短为 3 年半成材，大大提高了土地的使用效率，因此而产生的土地增收每年每亩达 2 000 余元，2 000 亩林地每年共增收 400 万元。沼液种植莲藕，根据水的深度，底肥（3~5）吨/亩，根据水的颜色，追施肥（1~2）吨/亩，沼液种植莲藕每亩可节约肥料投入 330 元。山坡站 1 000 亩藕塘每年可节约肥料投入 33 万元。每年山坡站因节约肥料和施用沼液产生的效益共 433 万元。

案例3 重庆南方菁华农牧有限公司沺溪猪场
【有机肥加工＋猪－沼－菜、果】工艺

一、企业简介

重庆南方菁华农牧有限公司是重庆南方集团在酉阳成立的大型农牧养殖企业。公司集种猪繁育、商品猪饲养、有机肥生产、公司＋农户合作养殖模式推广及其产品销售等业务于一体，注册资本1000万元，主要生产基地设在重庆市酉阳县黑水镇楠木菁、沺溪镇太平村。

设计规模存栏基础母猪3000头，年上市二元种猪12000头，猪苗48000头。猪场规划建设合理，严格按照国家环保要求对养殖粪污进行处理，自2010年开工建设以来，公司共投入约1300万元用于环保设施建设。猪场采取"干清粪"工艺，人工清粪集中发酵生产有机肥，建设有年产3000吨有机肥料厂一座。建设有2000立方米沼气工程，年生产沼渣肥1460吨、沼液肥约13140吨；年产沼气41万立方米，年发电量73.8万千瓦/小时，发电供养殖场使用，废水和尿液经过沼气工程处理后，建设了12千米沼液灌溉管网（图4-1-11）。

二、工艺流程

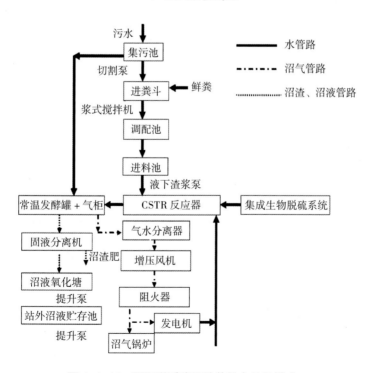

图4-1-11 酉阳沺溪猪场种养结合处理模式

三、技术单元

淋溪猪场的粪便处理与综合利用模式为种养结合技术模式。利用猪场养殖粪便为原料，集成CSTR中温发酵、沼气净化等技术，建设2 000立方米沼气工程及有机肥配套生产设施，将养殖场产生的尿及污水转化为沼气和沼液。沼气用于场区发电供能，沼液作为生态农肥用于农业园区施肥，养殖场的干粪和沼渣制作成有机肥销售，形成"养殖 – 废弃物资源化 – 生态农业"的良性循环系统，最大限度提高能源和资源利用率（图4–1–12）。

建有日产沼气1 100立方米的沼气工程1个，处理废水150吨/天，干清粪28吨/天。其中，中温发酵装置的产气量为1 000立方米/天，可停留20~25天；常温发酵装置的产气量为100立方米/天，停留时间10~15天。

建有1套沼液生态利用系统，利用沼液灌溉农田面积达5 000多亩。

建有有机肥加工线一条，有机肥产量平均6.4吨/天。

形成了沼气高浓度中温发酵、沼气净化、稳定供气发电设备与控制系统生产线和沼液管道输配系统和湿地净化生产线，其规模为年处理粪尿污6.49万吨，产沼气40.15万立

沼液灌溉系统覆盖周边5 000亩农田　　　　　　　　有机肥加工生产线

图4–1–12　沼液利用系统和有机肥生产

方米发电 10.95 万千瓦，产有机肥 0.23 万吨。结合周边环境，与渝东南现代农业科技园区强强联合，利用管道将沼液输送到农业园区发展绿色农业，建成大型猪场沼气发电、沼渣制肥及沼气热能利用的猪沼肥电一体化与沼渣沼液生态循环利用模式，解决了沼液的去向问题，避免了二次污染。

四、经济效益分析

粪便处理设施设备总投资 1 200 万元，其中粪便处理设施 200 万元，污水处理设施 1 000 万元，年处理粪便 4 394 吨，生产有机肥 2 200 吨，对外销售 110 万元。年产沼气 36.5 万立方米，发电 12 万千瓦，沼液灌溉农田自用量 2.5 万吨。

案例4　湖北金林原种畜牧有限公司【猪－沼－茶、果、菜、鱼】工艺

一、企业简介

湖北金林原种畜牧有限公司成立于 2001 年，坐落在武汉市江夏区乌龙泉街杨湖村，是集种猪育种、活猪出口、饲料加工、有机茶叶生产、水产养殖、苗木培育于一体的科技环保型现代农业企业。公司存栏基础母猪 1 万头，年出栏生猪 22 万头，年提供种猪 7 万头。公司始终坚持"绿色发展、循环发展、低碳发展"的理念，积极打造"园林式"现代化生态猪场。猪场实现了"五个自动化"——自动化喂料、自动化清粪、自动化小气候管控、自动化恒温饮水给药、自动化雾化消毒；做到了"三个"分离——净道污道分离、雨水污水分离、固态液态分离；形成了"减量化、无害化、资源化、生态化、产业化"的处理模式。

二、工艺流程

随着规模的扩大，保护环境、实行资源回收循环再利用，探索"循环农业"发展模式逐渐成为公司新的发展目标，见图 4-1-13。因此，公司不断进行技术升级，在率先采用

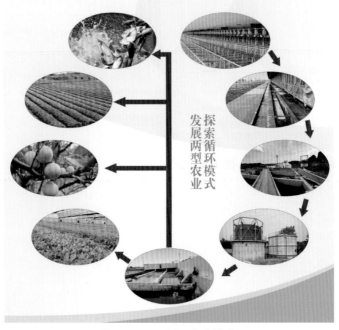

图 4-1-13　循环农业模式

"发酵床–零排放"饲养先进工艺之后，又先后投资 7 800 多万元，建设 720 立方米大型沼气池，铺设 10 000 米沼液管网，基本形成了清粪干湿分离–多级沉淀–管网输送以及生物发酵分解粪便等封闭式无害化治污体系，并采用迁村腾地的模式流转土地 3 056 亩，以公司现有 6 万头生猪养殖（256 亩）为主导，发展 1 000 亩有机茶叶种植基地、1 000 亩特色水产品养殖基地、800 亩绿色蔬果种植园，形成"养殖 + 沼气 + 种植"三位一体的生态农业，即建设千亩"猪–沼–茶""猪–沼–果""猪–沼–鱼"和"猪–沼–菜"，形成种养结合模式都市农业示范园。

三、技术单元

种养结合模式主要以生猪养殖为主导，生猪养殖区的废弃物通过综合处理转化成沼液、沼渣用来种植蔬菜、高端绿茶和果树，而且用沼液灌溉种植的蔬菜和高端绿茶、果树，是优质无污染的绿色有机食品；蔬菜种植区的残、老菜可以打浆喂猪，不仅可以改善猪肉的肉质风味和香味，还可以节省饲料。此外，通过种植蔬菜和果树等绿化植被可以净化生猪养殖区的环境条件。通过循环利用既可以节约肥料，循环利用资源，又可以解决环境污染的问题。

四、经济效益分析

公司先后投入了 7 800 万元，配套建设了规模养猪与绿色园区相结合的 6 万头健康养猪生态示范园。铺设 1 万余米主干管网和蛛网管线，实现粪便综合利用最大化。园区目前已经建成优质茶园 1 000 多亩，果园 700 亩，菜园 300 亩，苗圃基地 495 亩，现代化茶叶加工园区一个，2015 年公司种植业总产值 2 106 万元。

沼液利用。公司年产沼液 12.8 万吨，沼液施肥管道覆盖公司生态农业基地 3 050 亩，基地全部实现水肥一体化，不施用化肥。按照每亩每年需支出化肥施用费用 500 元计算，每年可节约化肥施用成本 152.5 万元；

有机肥利用。公司采取干清粪生产工艺，干粪堆积发酵生产有机肥 0.2 万吨，按每吨有机肥 800 元计算，年可增加收入约 160 万元；

沼气利用。猪场建设沼气工程 1 660 立方米，年产沼气约 16.6 万立方米，使用沼气每年可节约燃料折合标准煤约 118.5 吨。按照标煤 500 元 / 吨计算，年节约用煤成本 6 万元；

品牌效应。公司生产的御林君玉蕊茶、翠羽茶 100% 使用沼液等有机肥，在 2013 年、2014 年全国茶博会上连续两届荣获金奖取得了绿色蔬菜认证。1 000 亩茶园年利润提高 1 000 多元，年增加销售收入 100 多万元；

农民增收。公司茶园每年在采茶旺季，解决当地农民工 600 多人就业，人均季收入万元以上。

案例 5　温氏家庭农场模式
【舍外降解床 + 垫料还田】工艺

一、农场简介

温氏集团针对生猪家庭农场创新提出了一种绿色、有效、环保、生态的环保模式——舍外降解床。舍外降解床指的是在猪舍外建一简易大棚，大棚内建降解床，专门用于承接并降解猪废弃物，其原理是以活性微生物作为物质能量"转换中枢"来完成畜禽粪尿的降解与转化，并将畜禽粪尿无害化处理以便还田利用。

以常年存栏生猪 500 头、年出栏生猪 1 000 头的生猪家庭农场为例，猪舍设计采用纵向通风 + 水帘降温、雨污分流、清污分流（饮水器漏出的清水导出，不进入污水沟）等措施；尿液自流入粪沟进入 150 立方米储存池、粪便采用干清粪或刮粪后进入堆粪棚或储存池；储存池中的尿液和粪渣通过泥浆泵均匀地喷至 120 平方米降解床表面，通过自动化或人工进行翻耙，通过降解床中的微生物实现粪尿降解。

温氏集团支持合同农户进行圈舍改造，减少养殖废水排放量，粪水经过三级沉淀之后用于灌溉，该模式中粪水贮存池中没有设置排放口，猪舍产生的污水贮存后由泵抽到农田灌溉，杜绝了粪水直接排放造成的环境污染。该模式节水的主要措施有 3 个：一是雨污分流；二是将饮水漏水与尿液分离，饮水漏水通过单独渠道流入雨水渠道；三是用风机水帘降温，减少冲圈用水量。

二、工艺流程

舍外降解床工艺流程示意图见图 4-1-14。

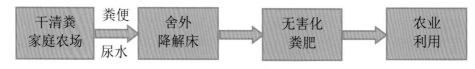

图 4-1-14　舍外降解床工艺流程

舍外降解床对粪便和粪水同时处理。在猪舍外建一简易大棚、大棚内建降解床，专门用于承接并降解猪废弃物，见图 4-1-15，其原理是以活性微生物作为物质能量"转换中枢"来完成畜禽粪尿的降解与转化，并将畜禽粪尿无害化以便还田利用。

1.静态发酵大棚

2.粪便发酵池

图 4-1-15　舍外降解床

三、技术单元

（一）舍外降解床的制作

垫料选择：可从当地来源容易的木屑、谷壳、稻壳、蘑菇渣、玉米、高粱秸秆粉末之中选用 1~2 种作为垫料。参考配比为，将 1 千克菌种、50 千克米糠或玉米粉、5 包木糠混匀。

降解床面积配比：饲养 500 头生猪需配备降解床面积 90~120 平方米。

垫料厚度：垫料铺设高度 35~45 厘米。

菌种预发酵：首次进猪后 7 天开始菌种预发酵，调节预发酵垫料的水分为 40%~50%（即抓起一团垫料握紧后松开手，垫料依然可成团但无水滴下），覆盖发酵 2~3 天，堆体温度达到 50℃以上，才可作为合格的预发酵菌种使用。

垫料铺设：在降解床内按照设计高度铺设好混合垫料，垫料水份含量不超过 40%。

（二）舍外降解床的启动

往降解床中添加粪便和少量的尿水，并混合均匀，调节水分至 40% 左右（不超过50%），然后往降解床中均匀添加预发酵后的菌种并翻耙均匀，降解床的启动可以根据猪只日龄分批启动，至 120 日龄时，降解床的全部面积都应投入使用。

（三）舍外降解床的管理

粪尿添加：采用机械（管道）或人工将粪尿均匀撒入降解床，并翻耙均匀。

垫料翻耙：通常每天翻耙一次，翻耙深度不低于 25 厘米。

菌种补充：每月按 10 克 / 平方米的接种量向降解床补加菌种。

室外清粪口、污水沟、净水沟布置见图4-1-16。

图4-1-16　室外清粪口、污水沟、净水沟实景

四、经济效益分析

以存栏500头生猪的家庭农场为例，设备费用（翻耙机、水泵、管道）1.8万元，土建费用2.5万元，共计4.3万元。

运行费用仅需要少量电费，每天通过水泵往降解床表面适量喷洒集污池中尿液和粪渣，每天启动翻耙机翻耙1~2次，运行费用电费约1.2元/天，菌种费用1.0元每天，按照年运行180天计算，共需396元。

通过本项目的实施，每头上市生猪可以增加有机肥销售收入约2.88元，年出栏1 000头生猪家庭农场降解床可增加收入2 880元，大大提高经济收益；同时通过降解床中垫料、微生物所构成的多维体系，消解粪尿污物，达到低碳、无污染、废水零排放和减少疾病的发生，实现养殖业和农业的生态循环，有利于养猪业的可持续发展。

案例6　广东东瑞食品集团有限公司【高床发酵+垫料还田】工艺

一、企业简介

东瑞食品集团有限公司创立于 2002 年，是一家集生产、科研、贸易于一体的现代农业集团。建立了种猪、商品猪、饲料、饲料添加剂、生猪屠宰、肉类加工等一体化的产业体系，是农业产业化国家重点龙头企业、国家生猪核心育种场、中国畜牧业协会猪业分会副会长单位。

东瑞集团坚持"优质、高产、高效、生态、安全"的经营方针，坚持走农业产业化经营之路，坚持科技创新。在兽医、育种、饲料研发和废污处理等关键技术上与国内有关大学、科研单位建立了长期的紧密的合作关系。东瑞集团全面实施 ISO9001：2008 质量管理体系和 HACCP 管理体系，实行标准化生产，产品通过农业部"无公害农产品"认证，饲料厂、猪场、屠宰加工厂均获得国家出入境检验检疫局注册登记，是粤港地区"菜篮子"重要供应基地。

二、工艺流程

为了解决养殖生产与环保产生的矛盾，研究与探索现代生态畜牧业的养殖模式，东瑞集团研究了"高床发酵型生态养猪模式"，见图 4-1-17。并于 2012 年按该模式在致富猪场建设 2 万头高床发酵型养猪生产线进行研究和试验，经过两年多的运行成效良好。

主要做法是采用两层结构的高床猪舍养猪，其中上层养猪，下层利用微生物好氧发酵原理，以木糠等有机垫料消纳养猪过程中产生的猪粪尿，最终变成有机肥料。

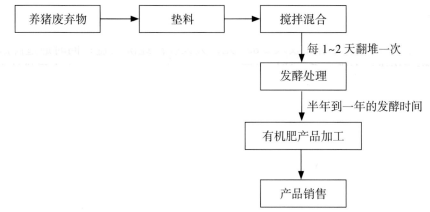

图 4-1-17　高床发酵型生态模式

三、技术单元

"高床发酵型生态养猪模式"采用两层结构的高床猪舍养猪，其中上层养猪，下层利用微生物好氧发酵原理，以木糠、谷壳等有机垫料消纳养猪过程中产生的猪粪尿，最终变成有机肥料见图4-1-18。具体技术工艺为：猪舍上层养猪生产设施中采用温控通风设备，地面采用全漏缝地板结构，养猪生产全过程不冲水，产生的猪粪尿通过漏缝地板落入下层垫料中；猪舍下层高度为2.5米，作为有机肥生产车间，铺设木糠、谷壳等垫料消纳生产过程中产生的猪粪尿，垫料厚度60~70厘米，采用机械每天对垫料进行翻堆处理，养猪废弃物在好氧微生物作用下发酵降解，转变成有机肥料。

模式特点：① 源头减排：在养猪生产过程中不冲水，从源头上减少污水产生量，减少废弃物治理投资；② 资源化利用：将养猪生产与养猪废弃物处理有机结合在一起，利用微生物发酵原理，将猪粪尿转化为固体有机肥料，变废为宝，实现养猪废弃物的减量化、无害化和资源化利用；③ 节约用地：节省用地30%，高效集约利用土地资源。④ 提高收益：改善养殖环境，提高生产水平，增加养殖效益。

保温瓦面

漏缝板

生物垫料、温控系统

图4-1-18 高床发酵型猪舍效果

（一）猪舍结构

猪舍两层结构，上层养猪，采用温控通风设备，全漏缝地板结构，养猪生产过程中不冲水、产生的猪粪尿通过漏缝地板落入下层垫料中；猪舍下层高度 2.5~2.8 米，为有机肥生产车间，铺设木糠等垫料消纳生产过程中产生的猪粪尿，垫料厚度 60~70 厘米，采用机械每天对垫料进行翻堆处理，养猪废弃物在好氧微生物作用下发酵降解，转变成有机肥料。高床发酵型猪舍实景见图 4-1-19。

图 4-1-19　高床发酵型猪舍实景

（二）高床养猪系统组成

1.温控通风系统

高床猪舍两层均安装通风系统，上层猪舍采用温度通风，安装湿帘、风机及温度控制器，保证舍内的温湿度处于最佳范围；下层猪舍主要是排除垫料发酵产生的水汽，见图 4-1-20。

2.垫料管理系统

高床猪舍一层发酵车间先铺设 70~80 厘米垫料，养猪过程中依据垫料的发酵情况，每天或隔天翻堆一次，通过翻堆将猪粪尿与垫料混合均匀，并提供氧气，保证微生物的好氧发酵作用，有效降解猪粪尿，见图 4-1-21。

3.自动喂料系统

高床猪舍配置自动喂料系统，每人可饲养管理 1 500~2 000 头生猪，与传统模式相比可减少 1~2 人，既降低了劳动强度，又提高了劳动效率，见图 4-1-22。

图 4-1-20　温控通风系统

图 4-1-21　垫料管理系统

图 4-1-22　自动喂料系统

4. 有机肥产品加工系统

高床发酵垫料可作为普通有机肥料，高床养猪系统配套有机肥产品加工车间，则可根据作物和土壤的不同，配制针对性的专用肥料，增加产品附加值，更能适应市场需求，见图 4-1-23。

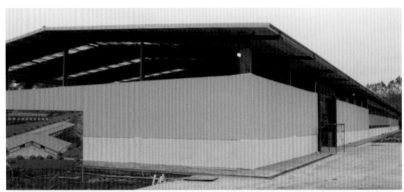

图 4-1-23　有机肥加工车间内外景

四、经济效益分析

（一）固定投资

年产 1 万头生产线的高床猪舍建设总面积为 7 500 平方米，猪舍土建投资约为 487.5 万。年产 1 万头生产线需配套高床发酵型通风设备 1 套，自动翻堆设备 1 套，设备投入约 59 万元，其中高床发酵通风设备投资为 29 万元，自动翻堆设备投资为 30 万元；但减少污水厂投入 180 万元，因此，高床发酵型生态养猪模式与传统养猪模式对比，增加固定资产投入 111.5 万元。

（二）运行费用

年产 1 万头生产线，年处理猪粪 3 960 吨、尿 5 220 吨，生产有机肥约 900 吨，年有机肥收入为 54 万元；每年需垫料购置费 35 万元、人工费 3.65 万元、电费 14.27 万元，故年收益 1.08 万元。而采用传统养猪模式，年需投入污水厂运行费用约 14.60 万元，因此，高床发酵型生态养猪模式与传统养猪模式对比，年节省运行费用 15.68 万元。

（三）经济效益

应用高床发酵型养猪模式，提高饲料转化率 0.04% 和上市合格率 3%，提高了养猪生产水平。年产 1 万头生产线，采用高床养猪年生产有机肥 900 吨，按 600 元／吨计，年有机肥收入为 54 万元，减去垫料购置费 35 万元、人工费 3.65 万元、电费 14.27 万元，则年收益 1.08 万元。

（四）生态效益

应用高床发酵型养猪模式，将养猪生产与养猪废弃物处理有机结合在一起，在养猪生产过程不冲水，可节省 80% 的养殖用水，从源头上减少了污水的产生；养猪生产过程产生的废弃物转变成固体有机肥，无废水排放，同时大量降低臭气浓度。每年可减少 CODcr 排放 360 吨，减少氨氮排放 19.2 吨，基本解决了养猪废弃物的污染问题，实现了生态环保型养殖。

第二节　牛场案例

案例 7　黑龙江雀巢 DFI 奶牛场
【粪水机械化粪肥还田】工艺

一、牛场简介

黑龙江雀巢 DFI 奶牛场坐落于黑龙江省哈尔滨市双城区，占地面积 60 万平方米，共包含小、中、大 3 个不同规模的培训牧场及 1 个培训中心，见图 4-2-1。

牛场于 2014 年 6 月开始投入建设，由北京东石北美牧场科技有限公司按照"整体交付"模式为瑞士雀巢中国公司完成。项目的运作包括项目选址、工程设计、总包建设、配套安装、生产及生活办公设备用品代购、伴随维护服务在内的全部工作。

图 4-2-1　公司设计效果

二、工艺流程

具体来说，整个牧场粪便处理与种养结合基本工艺如下。

清理（拖拉机或者刮板清粪）→粪便输送（回冲系统）→收集（集污池）→干湿分离设施（筛分器、绞龙及螺旋挤压机）→液体上清液贮存→固体粪便用作垫料及还田，液体粪水还田，见图 4-2-2。

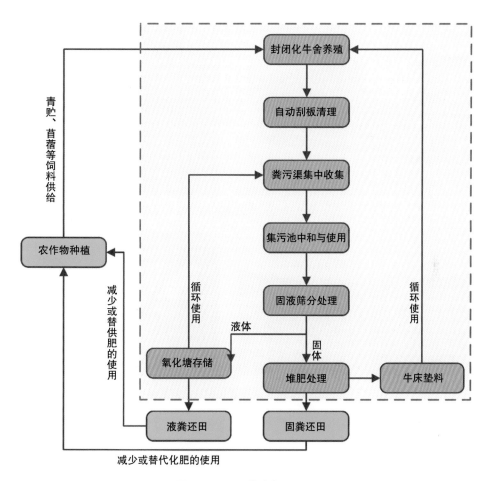

图 4-2-2　工艺流程

三、技术单元

　　牧场在初期设计、后期运行配套中，在兼顾产奶的同时，充分考虑并实现了种养结合的操作模式，实现了牧场与周围农田作物的生态平衡。首先，牛舍内粪便的收集方式是自动刮粪板清粪（图 4-2-3）。舍内收集的粪便及挤奶区清洗使用的水通过集污渠冲到集污池中。这些初期的粪水会被再次收集利用，重复冲洗牛舍集污渠。最终的粪浆经过搅拌后通过设备进行固液分离，将其中大于 1 毫米的固体分离出来。分离出的液体输送到上清液贮存塘中（图 4-2-4），当达到相关还田标准之后，使用系统化和机械化的还田系统设施（图 4-2-5，图 4-2-6），用于周边农田的有机肥灌溉。分离出来的固体和使用过的散栏垫料一起放到专用区域堆肥。堆肥后的物质通常可以重新作为垫料使用或就近回田。周围农田可以用来种植相应的作物，这些作物又能够反过来作为牧场的饲料来源。这样既节省了农田化肥投入，提高了土壤的肥力，又能够实现饲料部分甚至全部自足，节省大量畜禽饲料的成本。

图 4-2-3　吸粪车和刮粪板干清粪

图 4-2-4　覆膜氧化塘和田间贮存塘

图 4-2-5　水陆两栖搅拌车

图 4-2-6　机械化还田设备

四、经济效益分析

　　牧场整体建成后，采用种养结合模式，通过机械化大规模的系统还田模式运作，每年可产生牛粪约 14 万吨。其中含磷约 224 吨，含氮约 476 吨，含钾约 560 吨。这些养分每年相当于约 500 万元的化肥投入。所提供的养分可以作为约 10 万亩土地面积耕地的优质有机肥来源。因此在节省大量化肥投入的前提下，作为优秀的土壤改良剂，可以极大改善周边现有土地的养分状况。

　　同时，被改良的土壤又可以作为优秀的饲料饲草种植来源，通过自给式种植的模式，每年约节约饲料成本 3 000 万 ~4 000 万元。从而使得牧场在奶量增产的同时，大大降低养殖成本，极大地增加本场产出奶在市场上的竞争力，充分体现了贯彻种养结合后，实现大农业闭环的运作优势。

案例8　新疆呼图壁种牛场
【干粪堆肥＋沼液施肥＋沼气提纯车用天然气】工艺

一、牛场简介

新疆呼图壁种牛场建于1955年，总占地36万亩，是具有全国一流生产水平的乳品加工基地，被评为"国家级重点种畜场""全国奶牛标准化示范场""全国百家良种企业""国家奶牛产业技术体系综合试验站"。

目前拥有7座3 000头养殖规模的现代化奶牛养殖场，存栏总量20 000余头，日产鲜奶200余吨，荷斯坦奶牛年均单产达到9 600千克，西门塔尔牛奶牛年均单产6 800千克。

二、工艺流程

考虑到公司养殖规模及畜禽养殖污染防治需要，公司积极探索出一条养殖废弃物处理再利用的"循环农业"发展之路。养殖场前期采用机械刮粪板清粪，装车后运至堆粪场堆积发酵，发酵腐熟的粪肥统一分配，根据施肥需要施用在公司配套建设的15万亩有机饲草料基地，形成了种养一体化的产业链（图4-2-7）。2015年呼图壁种牛场与中国广核集团有限公司合作，利用养殖废弃物生产生物天然气，为呼图壁县3个车用天然气加气站供气。牛粪运输车收集种牛场每日产生的牛粪，利用全混合厌氧发酵（CSTR）工艺，厌氧发酵产生的沼气通过脱硫、脱碳提纯生产生物质天然气；厌氧发酵后的沼液经过固液分离，沼渣、沼液作为有机肥施用于周边农田、饲草料种植基地工艺流程，见图4-2-8。

图4-2-7　公司设计效果

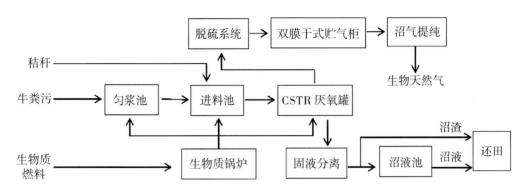

图 4-2-8　养殖废弃物生产生物天然气项目工艺流程

三、技术单元

（一）干清粪

采用机械干清粪工艺，用车辆运输将收集的粪便运送至堆粪场或预处理池中（图 4-2-9）。

图 4-2-9　粪便收集和处理

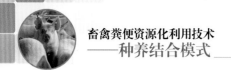

（二）制取沼气并提纯

新疆呼图壁种牛场废弃物生产生物天然气项目总投资 1.1 亿元人民币，日处理牛粪污 1 千余吨、添加鲜玉米黄贮超过 15 吨；日产沼气 3.6 万立方米，沼气经提纯生产生物质天然气 2.3 万立方米，年产生物质天然气 810 万立方米；每年还可产出沼渣有机肥 4.5 万吨、沼液有机肥 34 万吨；同时每年减排温室气体相当于 14.4 万吨 CO_2（图 4-2-10）。

图 4-2-10　CSTR 厌氧罐

四、经济效益分析

每年将处理 3 万余头奶牛（肉牛）总计 40 万吨的粪便（约占呼图壁县奶牛养殖总量的 1/3）及 5 000 亩玉米秸秆 5 250 吨，每亩可节约化肥 300~500 元，给农业种植户增收 250 万元左右。每年可产出沼渣有机肥 4.5 万吨、沼液有机肥 34 万吨，沼气 810 万立方米，销售总额超过 5 000 万元。在治理养殖污染防治的同时，促进农业废弃物的资源化利用，解决污染问题，确保资源合理利用，从而达到现代种植养殖业可持续发展的目标。同时为呼图壁能源的多样化作出贡献，一旦项目投产，每年能为呼图壁节约能耗折标煤 9 000 余吨。

案例9 新疆昌吉市海奥奶牛专业合作社
【有机肥加工+牛-沼-菜、葡萄】工艺

一、合作社简介

新疆昌吉市海奥奶牛专业合作社成立于2008年4月，主要以鲜牛奶、绿色蔬菜、沼液有机肥、沼气、农家乐、农场观光旅游为主，兼有机牛肉及农资、兽药销售为一体的畜牧业合作社。合作社占地面积共280亩，其中标准化挤奶厅及牛舍共17幢，奶牛存栏1 000头，日产鲜奶10吨；标准化绿色蔬菜种植基地80亩，葡萄种植地400亩；绿色蔬菜大棚7座；2 000立方米沼气站一座；年产沼渣、沼液肥10 000吨的有机肥厂一座，总固定资产投资近2 000万元。

二、工艺流程

粪便处理工艺流程图见图4-2-11。

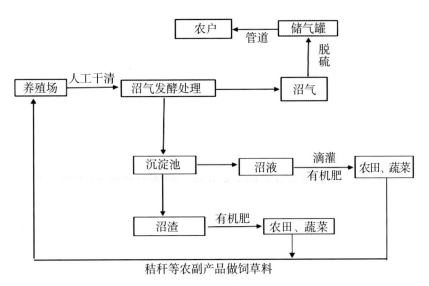

图4-2-11 粪便处理工艺流程

三、技术单元

牛舍采取机械干清粪方式收集牛粪，挤奶厅冲洗用水通过管道排入发酵系统中的预处理池中，通过发酵产生沼气、沼渣和沼液。沼液、沼渣通过有机肥生产线灌装成液体肥料，用于蔬菜地和葡萄地当作有机肥料使用。固体肥堆积发酵后用于蔬菜地和葡萄地当作底肥，沼液肥还可通过铺设滴灌管网在蔬菜地使用。此外，沼液可浸泡种子起到防虫咬食易出苗的效果，沼液喷施在叶面有杀虫防虫效果。生产加工的有机肥便于运输，可运送至葡萄地施肥，见图4-2-12。

1. 沼气处理池

2. 沼液三级沉淀池

3. 沼液复合肥加工设备

4. 沼液滴灌

图 4-2-12　粪便处理与综合利用

四、经济效益分析

粪便处理设施设备总投资 460 万元，沼气销售年收入 1.47 万元，年处理粪便 4 380 吨，施于蔬菜地可节约肥料费用 4 万元，400 亩葡萄地可节约肥料费用 20 万元，生产有机蔬菜销售 20 万元，相比施用化肥，蔬菜和葡萄价格高出市场价 20%，可获利 20 万元。沼气处理设备年运行成本 4 万元。

第三节 鸡场案例

案例10 河北徐水大午集团种禽公司 【有机肥加工】工艺

一、企业简介

河北徐水大午集团种禽公司为河北省农业蛋鸡标准化示范场，现存栏京白939蛋种鸡50万套，其中曾祖代2万套，祖代7万套，父母代41万套，72周龄只鸡产蛋数340~360枚，产蛋期料蛋比2.2左右，产蛋期死淘率3%~5%。

育成鸡饲养周期120天，只采食量80~90克/天；产蛋鸡饲养周期476天，只采食量115克/天。产蛋鸡饲料粗蛋白含量16.5%，磷含量0.55%，育成鸡饲料粗蛋白含量15.0%，磷含量0.52%~0.53%，饲料中均使用植酸酶。

二、工艺流程

蛋鸡全部为密闭式鸡舍阶梯笼养，刮粪板清粪工艺，日粪便收集量平均为120立方米左右，全部用于堆肥生产有机肥。鸡舍内粪便经粪沟刮粪板直接刮到舍外，由运输车直接装车运至有机肥生产车间，场内不设粪便暂存设施。鸡舍及笼具冲刷用水较少，直接进入粪便中一同运送进行有机肥生产。

鸡粪利用糠醛渣和草木灰作为辅料、进行槽式堆肥发酵；全自动机械翻抛，堆肥周期7~14天。具体工艺流程见图4-3-1。

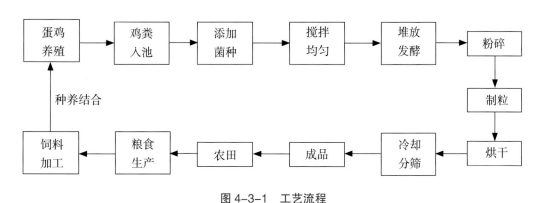

图4-3-1 工艺流程

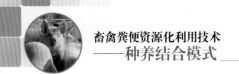

三、技术单元

堆肥处理。以糠醛渣和草木灰作为辅料与鸡粪混合，接种EM菌剂后进行槽式堆肥发酵。采用全自动机械翻抛设施，根据每日堆肥鸡粪量由翻抛机自动将堆体向前翻抛、推进，堆肥周期7~14天。现有可装填300吨堆肥槽2个，实际生产运行1个，可满足养殖场鸡粪堆肥生产需要。

有机肥生产。堆肥腐熟完成后，采用制粒设备进行有机肥生产见图4-3-2。有机肥实行订单式生产，年实际运行300天左右，年产有机肥8 000~12 000吨，有机肥产品包括干燥鸡粪及粉状、粒状发酵有机肥。有机肥销售后主要供周边蔬菜种植机果树种植使用，二者约各占50%。

四、经济效益分析

有机肥环节总投资约423.9万元：基建278.9万元，其中，堆肥槽48.2万元，生产车间83.7万元，制粒车间37.1万元，库房48.2万元，地面硬化、道路、围墙等61.7万元；设备145.0万元，其中，堆肥设备17.0万元，复混设备47.5万元，制粒设备15.6万元，输送及粉碎设备16.8万元，铲车、叉车及运输设备18.7万元，变压器、除尘器等设备29.4万元。

有机肥生产辅料成本约157万元。按年产10 000吨有机肥计算，糠醛渣（260元/吨）及草木灰（300元/吨）各占20%左右，二者成本分别为52万元和60万元；每吨成品有机肥需EM菌剂（22 500元/吨）2千克，共需45万元。

有机肥生产年运行成本约45万元。其中，人工约20万元，鸡粪运输成本约5万元，电费约15万元，设备维护费用约5万元。

当前有机肥售价为600元/吨（粉状）及950元/吨（粒状），按全年生产有机肥10 000吨，平均800元/吨计算，全年有机肥销售收入约800万元。

1. 堆肥原料（糠醛渣）

2. 堆肥原料（草木灰）

3. 堆肥

4. 翻抛

5. 制粒

6. 有机肥产品

图 4-3-2 有机肥生产过程

案例 11　辽宁省盘锦兴牧集团 【有机肥加工】工艺

一、企业简介

盘锦兴牧集团始建于 2006 年，位于盘锦市盘山县古城子镇，占地面积 60 万平方米，注册资本 5 500 万元，总资产 2 亿元，员工 1 300 人，是集种禽繁育、饲料生产、肉鸡养殖、屠宰加工、冷藏销售和有机肥加工于一体的现代化农业龙头企业。集团的子公司——盘锦兴牧有机肥加工有限公司，是利用肉鸡养殖基地副产品"鸡粪"加工生产有机肥的企业，建于 2010 年，总投资 600 万元。公司以集团养殖小区的鸡粪为原料，引进国内先进的烘干设备，将鸡粪加工成有机肥，目前有机肥年产量达 3 万吨，取得了很好的经济效益和社会效益。

二、工艺流程

公司采用鸡粪生产有机肥的主要工艺特点如下：首先向新鲜畜禽粪便中添加适当辅料以降低水分，然后加入快速发酵菌进行发酵，当物料上升到一定温度后进行翻倒，发酵过程结束后平摊在日光棚里进行晾晒，水分降到一定程度后即可出料，通过引进国内先进的烘干设备，将发酵后的鸡粪烘干、加工成有机肥（图 4-3-3）。

三、技术单元

通过养殖户人工收集、定点存放，厂家定期上门用专用车辆运到有机肥厂，保障整个运输过程密闭良好，不污染环境。

发酵前先加入辅料以降低湿度，然后加入发酵菌进行堆积发酵，当物料温度达到 65℃时，翻倒一次，当物料温度再次升到 60℃以上，再翻倒一次，通常翻倒次数视物料温度而定。高温可杀死大肠杆菌、沙门氏菌等病原微生物，但温度又不能过高，否则发酵菌将受到抑制或死亡，当温度逐渐下降到室温时，发酵阶段即可完成。

将发酵好的鸡粪平铺在日光棚里，利用太阳光进行晾晒，可以除去大部分水分，以此降低在干燥阶段的能源消耗，减轻环境负担、节约生产成本。

利用专业的有机肥烘干设备，将发酵好的鸡粪直接烘干至安全的贮藏水分，整个过程在封闭系统内进行，从而减少干燥过程中对环境的污染。设备主要由热源、进料机、回转滚筒、出料机、物料破碎装置、引风机、卸料器等构成。发酵鸡粪加入干燥机后，在滚筒内与热空气充分接触，水分得以迅速蒸发，再通过物料破碎装置的作用，加工成标准的颗粒状，通过卸料器出来的就是成品的有机肥。

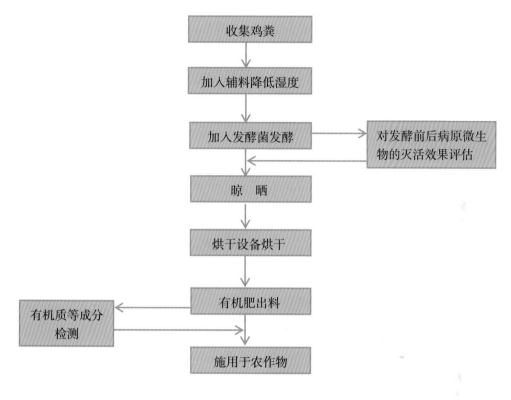

图 4-3-3　工艺流程

根据《有机肥料》（NY/ 525—2002）的标准对有机肥营养成分如有机质、氮磷钾等营养成分进行测定，产品合格即可出售，见图 4-3-4。

检测表明产品有机质含量达到 63.4%，超过合格标准 1 倍（合格标准 30%），氮磷钾含量达 6.77%，超过合格标准 50%，达到了《有机肥料》（NY/ 525—2002）的标准。

四、经济效益分析

利用鸡粪生产有机肥项目的主要投资在前期建厂上，共花费 600 万元，目前有机肥市场均价为 800 元／吨，有机肥成本约为 500 元／吨（包括鲜鸡粪的购买，鸡粪运输、人工、发酵菌种、煤电、包装等），每吨利润在 300 元左右，目前有机肥年产量达 3 万吨，年利润在 900 万元。每生产 1 吨有机肥需鲜鸡粪 2 立方米，厂家从养殖户的收购价为 100 元，养殖户从鸡粪这一块就可获得较好的收益。此外，鸡粪有机肥施用于蔬菜、瓜果、花卉、粮棉等农作物，对改良土壤、生产绿色食品等可产生巨大的经济和社会效益。

1.大棚外景

2.收集鸡粪

3.鸡粪平铺晾晒

4.鸡粪烘干设备

5.有机肥出料

6.有机肥产品

图4-3-4　有机肥生产加工

案例12 山东民和牧业股份有限公司【沼气处理利用】工艺

一、企业简介

山东民和牧业股份有限公司前身是农业部山东蓬莱良种肉鸡示范场,始建于1985年,改制于1997年,先后被认定为农业产业化国家重点龙头企业、全国农业标准化示范区、国家出口鸡肉标准化示范区和全国畜牧优秀企业。2008年5月,公司股票在深圳证券交易所成功挂牌上市。

目前该公司设种鸡场、孵化厂、饲料厂、商品鸡基地、食品公司、进出口公司、生物科技公司等42个生产单位。现存栏父母代肉种鸡230万套、年孵化商品代肉鸡苗2亿多只、商品代肉鸡年出栏2 000余万只。年屠宰加工鸡肉食品6万余吨,饲料生产能力40万吨,粪便厌氧发酵生产沼气并发电上网达2 100余万千瓦/年,年产固态生物有机肥5万吨、沼液部分经过三级膜过滤生产有机水溶肥16万吨。该公司已初步建立起了以父母代肉种鸡饲养、商品代肉鸡苗生产销售为核心,集肉鸡养殖、屠宰加工、有机废弃物资源化开发利用为一体的较为完善的循环产业链,实现了自动化、智能化、工厂化生产和集约化管理。

二、工艺流程

图4-3-5 公司废物处理模式

公司采用"原料分散收集—集中沼气处理—沼气发电—沼肥分散消纳"的废物处理模式见图4-3-5。同时形成了以沼气为纽带的热、电、肥、温室气体减排四联产模式，实现了365天稳定运行6年的大型沼气发电。山东民和在沼气工程及沼液浓缩工程的基础上，成功建成了沼液有机种植生态基地，基地的农户按照标准使用沼液、有机肥，保证肥效并且控制病虫害，减少化肥用量，杜绝高毒农药，减少污染，降低残留，所产果品及蔬菜集绿色、生态、无残留等特点于一身。

三、技术单元

（一）鸡粪处理模式：沼气发电及沼气提纯生物天然气

1. 沼气发电

沼气发电项目日处理鸡粪500吨，污水300吨，日产沼气3万立方米，日发电并网6万千瓦，年并网发电2 100余万千瓦。山东民和公司沼气发电项目被纳入CDM项目，年减排CO_2达到8万余吨，年获700万元减排收益，实现了良好的经济、社会及生态效益，见图4-3-6。

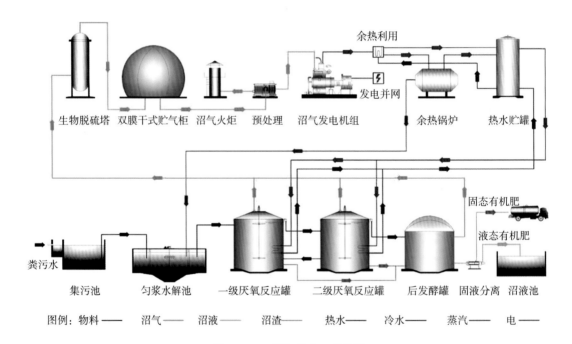

图4-3-6　沼气发电工艺流程

2. 沼气提纯生物天然气

沼气提纯生物天然气工程，以养殖产生的粪便和废水为主要原料，同时研究多元物料混合发酵生产沼气，沼气经高效提纯工艺提纯生物天然气，并实现生物天然气车用、工业用、入天然气管网以及农村集中供气等多元化模式，见图4-3-7。该生物天然气工程年产沼气 2 500 万立方米，年产生物天然气 1 500 万立方米，年回收热电联产机组余热相当于 1.5 万吨标煤，节省能源，成功实现了节能减排。该项目实现了沼气工程的多元化，多元物料的混合发酵一方面扩大了发酵原料来源保证沼气工程的成功运行，还可很好地处理畜产品加工过程中产生的废弃物，有机种植业产生的秸秆等废弃物，城市、农村生活垃圾等。使这些废弃物变废为宝，成为新能源，以生物燃气模式成功地完成物质与能量的循环利用，为种养结合循环模式开辟了一条崭新的道路。

沼气提纯生物天然气项目

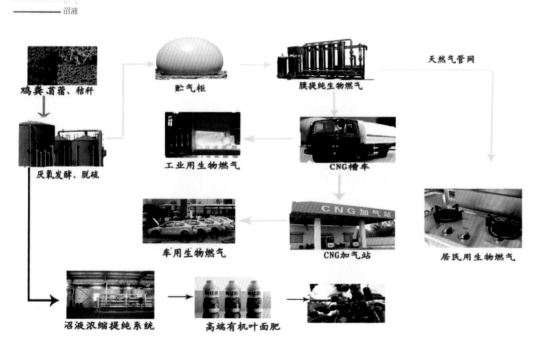

图 4-3-7　沼气提纯生物天然气工艺路线

（二）沼液资源化高效利用：沼液浓缩提纯及中水回用

将沼气发酵产生的沼液经过膜前预处理以及纳米级膜浓缩技术系统处理后，富集沼液中的有效营养物质，实现沼液浓缩工程化生产，开发高端有机叶面肥产品"新壮态"。目前一期工程日处理量 300 吨，年可实现生产肥效时间长、营养成分含量高的有机液体肥料 13 140 吨，中水回用量 96 360 吨。使原本沼液中的小分子营养物更容易被植物吸收。喷洒植物叶片，通过植物叶片的叶孔吸收，其吸收、转化效率成千倍地增加，用量少，效果更快、更好（图 4-3-8）。

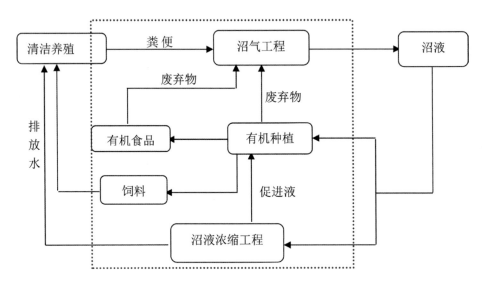

1.种养结合循环模式

2.沼液浓缩提纯车间实景

图 4-3-8　以沼液浓缩工程为核心的种养结合示意

（三）沼液及其高附加产品：有机种植工程

见图 4-3-9 所示。

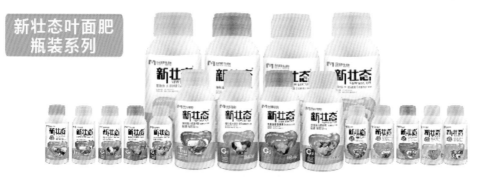

T100、G1、G2、G3、果蔬专用型、茶叶专用型、花卉专用型、水稻专用型、棉花专用型、药材专用型
规格：100毫升、200毫升、400毫升、1000毫升

图 4-3-9　沼液浓缩提纯产品

山东民和公司在沼气工程及沼液浓缩工程的基础上，成功建成了沼液有机种植生态基地，生态基地以沼气工程为依托，以山东蓬莱市为中心，辐射周边县市，基地的农户按照标准使用沼液、有机肥，保证肥效并且控制病虫害，减少化肥用量，杜绝高毒农药，减少污染，降低残留，所产果品及蔬菜集绿色、生态、无残留等特点于一身，成功实现了资源的高效利用，在实际生产中实现了变废为宝。一方面提供了安全的有机食品，另一方面保护了环境，从而实现了大循环农业下，没有废物只有资源的种养结合循环农业的可持续发展。

第四节　羊场案例

案例13　山东省临清润林牧业有限公司 【有机肥加工】工艺

一、企业简介

临清润林牧业有限公司是三和集团于2011年年底规划，2012年3月动工建设的综合性农业项目，总投资1.8亿元，占地面积400亩，公司现有员工120名，技术人员40名。2013年被评定为国家级标准化示范场、山东省一级种羊场、聊城市农业产业化重点龙头企业。公司的"八化经营模式""湖羊生态养殖模式"被中国畜牧业协会评定为畜牧行业优秀创新模式。现建有年产12万吨有机肥料加工厂、3万吨综合饲料加工厂、职工生活区等。建设环保型零排放标准化棚舍66栋，养殖存栏湖羊种羊6万只，年出栏优质种羊8万只，优质肉羊10万只，年产标准化有机肥料12万吨，筹建年产1万吨清真精品羊肉加工厂，实现销售总收入12亿元、利税1.2亿元（图4-4-1）。

二、工艺流程

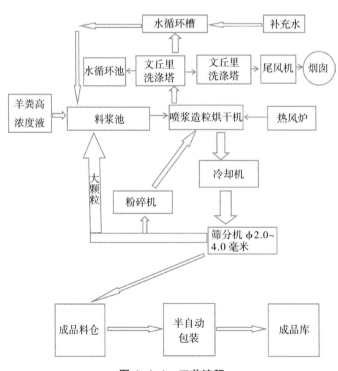

图4-4-1　工艺流程

三、技术单元

公司实行生产自动化和生态化。信息化全屏监控，羊舍环境参数自动检测、TMR 自动撒料车、羊舍自动消毒、自动清粪。形成"饲料种植—湖羊养殖—自主精制饲料生产加工—青储饲料贮存加工—自主繁育种羊—清真肉食屠宰加工—羊尿粪生产生态有机肥料"的绿色食品全产业链，提高了周边农民经济收入。

公司拥有 3 条生产线，年产 12 万吨有机肥，见图 4-4-2。产品分为五大工艺系列：

（1）纯羊粪生物发酵（粉剂）产品。

（2）微生物菌肥（粉剂）产品。

（3）滚筒造粒产品。

（4）喷浆造粒有机肥料。

（5）喷浆造粒微生物菌肥。

优势：平均 5 吨鲜羊粪才能浓缩成 1 吨喷浆造粒产品，所以肥效远胜于普通有机肥料。制造工艺先进，无论是机播、追施、穴施、撒施，完全可以与尿素等无机肥料掺混不融化粘连（配肥）。产品经四重生物发酵技术深度腐熟，无任何重金属残留，pH 值 7 左右。特别添加纤维素酶及 8 种复合微生物菌，每一个菌种都对土壤和作物发生的土传病害具有极好的效果。分子量小，易被作物吸收利用，达到抗病增产，提高抗逆性和提质。

四、经济效益分析

公司每年贮备农作物秸秆作为饲料，可消化农作物秸秆 30 余万吨，增加农民农作物生产经济收入的同时，可减少焚烧秸秆造成的碳排放和大气污染，促进经济可持续循环发展。

饲料经过湖羊过腹消化后变成优质羊粪，经过细加工生产出标准有机肥料，以粉剂成本价格每吨 380 元，颗粒成本价格每吨为 660 元，年产标准化有机肥料 12 万吨计算，成本价格为 6 240 万元，粉剂销售价格每吨为 420 元，颗粒销售价格每吨为 880 元，可实现销售收入 7 800 万元，创利 1 560 万元。

1. 发酵车间

2. 有机肥成品

3. 喷浆造粒车间

图 4-4-2 有机肥生产加工

附录：畜禽粪便还田技术规范

前　言

本标准附录 A 为资料性附录。

本标准由中华人民共和国农业部提出。

本标准由全国畜牧业标准化技术委员会归口。

本标准起草单位：农业部环境保护科研监测所。

本标准主要起草人：王德荣、沈跃、张泽、毛建华、许前欣、师荣光。

1　范围

本标准规定了畜禽粪便还田术语和定义、要求、限量、采样及分析方法。

本标准适用于经无害化处理后的畜禽粪便、堆肥以及畜禽粪便为主要原料制成的各种肥料在农田中的使用。

2　规范性引用文件

下列文件中的条款通过本标准的引用而成为本标准的条款。凡是注日期的引用文件，其随后所有的修改单（不包括勘误的内容）或修订版均不适用于本标准，然而，鼓励根据本标准达成协议的各方面研究是否使用这些文件的最新版本。凡是不注日期的引用文件，其最新版本适用于本标准。

GB 7959–1987 粪便无害化卫生标准

GB/T 17134 土壤质量 总砷的测定 二乙基二硫代氨基甲酸银分光光度法

GB/T 17138 土壤质量 铜、锌的测定 火焰原子吸收分光光度法

GB/T 17419 含氨基酸叶面肥料

GB/T 17420 微量元素叶面肥料

GB/T 1168 畜禽粪便无害化处理技术规范

3　术语和定义

下列术语和定义适用于本标准。

3.1　安全适用

畜禽粪便作为肥料使用，应使农产品产量、质量和周边环境没有危险，不受到威胁。畜禽粪肥施用于农田，其卫生学指标、重金属含量、施肥用量及注意要点应达到本标准提出的要求。

4　要求

4.1　无害化处理

4.1.1　畜禽粪便还田前，应进行处理，且充分腐熟并杀灭病原菌、虫卵和杂草种子。

4.1.2　制作堆肥以及以畜禽粪便为原理制成的商品有机肥、生物有机肥、有机复合肥，其卫生学指标应符合表 1 的规定。

表 1　堆肥的卫生学要求

项　目	要　求
蛔虫卵死亡率	95%～100%
粪大肠菌值	10^{-1}～10^{-2}
苍蝇	堆肥中及堆肥周围没有活的蛆、蛹或新孵化的成蝇

4.1.3　制作沼气肥，沼液和沼渣应符合表 2 的规定。沼渣出池后应进行进一步堆制，充分腐熟后才能使用。

表 2　沼气肥的卫生学要求

项　目	要　求
蛔虫卵沉降率	95% 以上
血吸虫卵和钩虫卵	在使用的沼液中不应有活的血吸虫和钩虫卵
粪大肠菌值	10^{-1}～10^{-2}
蚊子、苍蝇	有效地控制蚊蝇滋生，沼液中无孑孓，池的周边无活蛆、蛹或新活化的成蝇。
沼气池粪渣	应符合表 1 的要求

4.1.4　粪便的收集、贮存及处理技术要求，应按 NY/T 1168 规定执行。

4.1.5　根据施用不同 pH 值的土壤，以畜禽粪便为主要原料的肥料中，其畜禽粪便的重金属含量限制应符合表 3 的要求。

表3　制作肥料的畜禽粪便中重金属含量限制（干粪含量）　　单位为毫克每千克

项　目		土壤 pH 值		
		＜ 6.5	6.5~7.5	＞ 7.5
砷	旱田作物	50	50	50
	水稻	50	50	50
	果树	50	50	50
	蔬菜	30	30	30
铜	旱田作物	300	600	600
	水稻	150	300	300
	果树	400	800	800
	蔬菜	85	170	170
锌	旱田作物	2 000	2 700	3 400
	水稻	900	1 200	1 500
	果树	1 200	1 700	2 000
	蔬菜	500	700	900

4.2　安全使用

4.2.1　使用原则

畜禽粪便作为肥料应充分腐熟，卫生学指标及重金属含量达到本标准的要求后方可施用。畜禽粪料单独或与其他肥料配施时，应满足作物对营养元素的需要，适量施肥，以保持或提高土壤肥力及土壤活性。肥料的使用应不对环境和作物产生不良后果。

4.2.2　施用方法

4.2.2.1　基肥（基施）如下。

a）撒施：在耕地前将肥料均匀撒于地表，结合耕地把肥料翻入土中，使肥土相融，此方法适用于水田、大田作物及蔬菜作物；

b）条施（沟施）：结合犁地开沟，将肥料按条状集中施于作物播种行内，适用于大田、蔬菜作物；

c）穴施：在作物播种或种植穴内施肥，适用于大田、蔬菜作物；

d）环状施肥（轮状施肥）：在冬前或春季，以作物主茎为圆心，沿株冠垂直投影边缘外侧开沟，将肥料施入沟中并覆土，适用于多年生果树施肥。

4.2.2.2　追肥（追施）如下：

a）腐熟的沼渣、沼液和添加速效养分的有机复合肥可用作追肥；

b）条施：使用方法同基肥中的条施。适用于大田、蔬菜作物；

c）穴施：在苗期按株或在两株间开穴施肥。适用于大田、蔬菜作物。

d）环状施肥：使用方法同基施中的环状施肥。适用于多年生果树；

e）根外追肥：在作物生育期间，采用叶面喷施等方法，迅速补充营养满足作物生长发育的需要。

4.2.2.3　沼液用作叶面肥施用时，其质量应符合 GB/T 17419 和 GB/T 17420 的技术要求。春、秋季节，宜在上午露水干后（10 时）进行，夏季以傍晚为好，中午高温及雨天不要喷施。喷施时，以叶面为主。沼液浓度视作物品种、生长期和气温而定，一般需加清水稀释。在作物幼苗、嫩叶期和夏季高温期，应充分稀释，防止对植株造成危害。

4.2.2.4　条施、穴施和环状施肥的沟深、沟宽应按不同作物、不同生长期的相应生产技术规程的要求执行。

4.2.2.5　畜禽粪便主要用作基肥，施肥时间秋施比春施效果好。

4.2.2.6　在饮用水源保护区不应施用畜禽粪肥。在农业区使用时应避开雨季，施入裸露农田后应在 24 小时翻入土。

4.2.3　还田限量

4.2.3.1　以生产需要为基础，以地定产、以产定肥。

4.2.3.2　根据土壤肥力，确定作物预期产量（能达到的目标产量），计算作物产量的养分吸收量。

4.2.3.3　结合畜禽粪便中的营养元素的含量、作物当年或当季的利用率，计算基施或追施应投加的畜禽粪便的量。

4.2.3.4　畜禽粪便的农田施用量计算公式和施用限量参考值、相应参数可参照附录 A 执行。

4.2.3.5　沼液、沼渣的施用量应折合成干粪的营养物质含量进行计算。

4.2.3.6　小麦、水稻、果园和菜地畜禽粪便的使用限量见表 4、表 5 和表 6。

表 4　小麦、水稻每茬猪粪使用限量　　　　单位为吨 / 公顷

农田本底肥力水平	I	II	III
麦和玉米田施用限量	19	16	14
稻田施用限量	22	18	16

表 5　果园每年猪粪使用限量　　　　单位为吨 / 公顷

果树种类	苹果	梨	柑桔
施用限量	20	23	29

表 6　菜地每茬猪粪使用限量　　　　单位为吨 / 公顷

蔬菜种类	黄瓜	番茄	茄子	青椒	大白菜
施用限量	20	35	30	30	16

注：以上限值均指在不施用化肥情况下，以干物质计算的猪粪肥料的使用限量。如果施用牛粪、鸡粪、羊粪等肥料可根据猪粪换算，其换算系数为：牛粪（0.8），鸡粪（1.6），羊粪（1.0）

5 采样和分析方法

5.1 采样方法

5.1.1 采样地点的确定

根据粪肥质量（或体积）确定取样点（个）数，见表7。

表7 畜禽粪肥取样点数

质量 / 吨	取样点个数 / 个
<5	5
5~30	11
>30	14

注：取样时应交叉或梅花布点取样

5.1.2 采样要求

取样点的位置：应离地面15厘米以上，距肥堆顶部5·10厘米以下。每个样品取200克，混匀后（按取样点数要求，多个样品混合）缩分为4。在1/4样品中，去除土块等杂物后，留取250克供分析化验用。

5.1.3 采样工具

用土钻或铁锹等均可。

5.2 监测频率

使用前：监测一次。

存放期：3~6个月监测一次。

5.3 分析方法

5.3.1 粪大肠杆菌值

按照 GB 7959 附录 A 规定执行。

5.3.2 蛔虫卵死亡率

按照 GB 7959 附录 B 规定执行。

5.3.3 寄生虫卵沉降率

按照 GB 7959 附录 C 规定执行。

5.3.4 钩虫卵数

按照 GB 7959 附录 D 规定执行。

5.3.5 血吸虫卵数

按照 GB 7959 附录 E 规定执行。

5.3.6 总砷

按照 GB/T 17314 执行。

5.3.7 铜、锌

按照 GB/T 17138 执行。

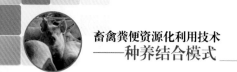

附录 A：施肥量计算的推荐公式及相应参数的确定

1　在田间试验和土肥分析化验条件下施肥量的确定

1.1　计算公式

$$N = \frac{A-S}{d \times r} \times f \qquad (\text{A.1})$$

式中：

N ——一定土壤肥力和单位面积作物预期产量下需要投入的某种畜禽粪便的量，单位为吨 / 公顷（t/hm^2）；

A ——预期单位面积产量下作物需要吸收的营养元素的量，单位为吨 / 公顷 (t/hm^2)；

S ——预期单位面积产量下作物从土壤中吸收的营养元素量（或称土壤供肥量），单位为吨 / 公顷（t/hm^2）；

d ——畜禽粪便中某种营养元素的含量（%）；

r ——畜禽粪便的当季利用率（%）；

f ——当地农业生产中，施于农田中的畜禽粪便的养分含量占施肥总量的比例（%）。

1.2　相应参数的确定

1.2.1　A 的确定（t/hm^2）

$$A = y \times a \times 10^{-2} \qquad (\text{A.2})$$

式中：

y ——预期单位面积产量，单位为吨 / 公顷（t/hm^2）；

a ——作物形成 100 千克产量吸收的营养元素的量，单位为千克（kg）。

主要作物 a 可参照表 A.1。不同作物、同种作物的不同品种及地域因素等导致作物形成 100 千克产量吸收的营养元素的量各不相同，a 值选择应以地方农业管理、科研部门公布的数据为准。

表 A.1　作物形成 100 千克产量吸收的营养元素的量

作物种类	氮 / 千克	磷 / 千克	钾 / 千克	产量水平 /（吨 / 公顷）
小麦	3.0	1.0	3.0	4.5
水稻	2.2	0.8	2.6	6
苹果	0.3	0.08	0.32	30
梨	0.47	0.23	0.48	22.5

续表

作物种类	氮 / 千克	磷 / 千克	钾 / 千克	产量水平 / (吨 / 公顷)
柑橘	0.6	0.11	0.4	22.5
黄瓜	0.28	0.09	0.29	75
番茄	0.33	0.1	0.53	75
茄子	0.34	0.1	0.66	67.5
青椒	0.51	0.107	0.646	45
大白菜	0.15	0.07	0.2	90

注：表中作物形成 100 千克产量吸收的营养元素的量为相应产量水平下吸收的量

1.2.2　S 的确定（吨 / 公顷）

$$S=2.25 \times 10^{-3} \times c \times t \qquad （A.3）$$

式中：

2.25×10^{-3}—土壤养分的 "换算系数"，20 厘米厚的土壤表层（耕作层或称为作物营养层），其每公顷总重约为 225 万千克，那么 1 毫克 / 千克的养分在 1 公顷地中所含的量为：2 250 000 千克 / 公顷 × 1 毫克 / 千克即 2.25×10^{-3} 吨 / 公顷；

c —土壤中某营养元素以毫克 / 千克计的测定值；

t —土壤养分校正系数。因土壤具有缓冲性能，故任一测定值，只代表某一养分的相对含量，而不是一个绝对值，不能反映土壤供肥的绝对量。因此，还要通过田间实验，找到实际有多少养分可被吸收，其占所测定值的比重，称为土壤养分的 "校正系数"。在实际应用中，可实际测定或根据当地科研部门公布的数据进行计算。

1.2.3　d 的确定

畜禽粪便中某种营养元素的含量，因畜禽种类、畜禽粪便的收集与处理方式不同而差别较大。施肥量的确定应根据某种畜禽粪便的营养成分进行计算。

1.2.4　r 的确定

畜禽粪便养分的当季利用率，因土壤理化性状、通气性能、温度、湿度等条件不同，一般在 25%~30% 范围内变化，故当季吸收率可在此范围内选取或通过田间试验确定。

1.2.5　f 的确定

应根据当地的施肥习惯，确定粪料作为基肥和（或）追肥的养分含量占施肥总量的比例。

2　不具备田间实验和土肥分析化验的条件下施肥量的确定

2.1　计算公式

$$N=（A \times p） / （d \times r） \times f \qquad （A.4）$$

式中：

N ——定土壤肥力和单位面积作物预期产量下需要投入的某种畜禽粪便的量，单位为吨 / 公顷（ t/hm^2 ）；

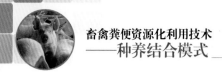
A—预期单位面积产量下作物需要吸收的营养元素的量，单位为吨 / 公顷 (t/hm²)；

p—由施肥单位面积铲两下作物需要吸收的营养元素的量，单位为吨 / 公顷 (t/hm²)；

d—畜禽粪便中某种营养元素的含量，%；

r—畜禽粪便养分的当季利用率，%；

f—畜禽粪便的养分含量占施肥总量的比例，%。

2.2　相应参数的确定

2.2.1　A、d、r、f 的确定，见 A.1.2.1、A.1.2.3、A.1.2.4、A.1.2.5。

2.2.2　由施肥创造的产量占总产量的比例可参照表 A.2、表 A.3 选取。

表 A.2　不同土壤肥力下作物由施肥创造的产量占总产量的比例（P）

项目	土地肥力		
	I	II	III
P	30%~40%	40%~50%	50%~60%

表 A.3　土壤肥力分级指标　　　　　　　　　　　　单位：克 / 千克

项目	不同肥力水平的土壤全氮含量		
	I	II	III
土地类别　旱地（大田作物）	> 1.0	0.8~1.0	< 0.8
水田	> 1.2	1.0~1.2	< 1.0
菜地	> 1.2	1.0~1.2	< 1.0
果园	> 1.0	0.8~1.0	< 0.8

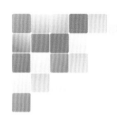

参考文献

GB 18596-2001. 2001. 畜禽养殖业污染物排放标准 [S]. 北京：中国标准出版社.

GB/T26622-2011. 2001. 畜禽粪便农田利用环境影响评价准则 [S]. 北京：中国标准出版社.

HJ/T 81-2001. 2001. 畜禽养殖业污染防治技术规范 [S]. 北京：中国标准出版社.

董红敏，陶秀萍. 2009. 畜禽养殖环境与液体粪便农田安全利用 [M]. 北京：中国农业出版社.

冯定远. 2005. 通过营养调控减少养猪生产的环境污染 [J]. 饲料工业，26.

高增月，杨仁全，程存仁，等. 2006. 规模化猪场粪污综合处理的试验研究 [J]. 农业工程学报，22（2）:2.

国家环境保护总局自然生态保护司. 2002. 全国规模化畜禽养殖业污染情况调查及防治措施 [M]. 北京：中国环境科学出版社.

华南农业大学，香港猪会. 1999. 规模化猪场用水与废水处理技术 [M]. 北京：中国农业出版社.

贾伟. 2014. 我国粪肥养分资源现状及其合理利用分析 [D]. 北京：中国农业大学.

李震钟. 2000. 畜牧场生产工艺与畜舍设计 [M]. 北京：中国农业出版社.

欧盟共和体联合研究中心. 2013. 集约化畜禽养殖污染综合防治最佳可行技术 [M]. 北京：化学工业出版社.

清明，等. 1997. 现代养猪生产 [M]. 北京：中国农业大学出版社.

尚斌，董红敏，陶秀萍. 2005. 粪污处理主推技术 [J]. 农业工程学报，22（增刊2）：123.

陶秀萍，董红敏. 2009. 畜禽养殖废弃物资源的环境风险及其处理利用技术现状 [J]. 现代畜牧兽医，11.

王岩. 2005. 养殖业固体废弃物快速堆肥化处理 [M]. 北京：化学工业出版社.

张克强，高怀友. 2004. 畜禽养殖业污染物处理与处置 [M]. 北京：化学工业出版社.

赵军. 2012. 农村环境污染治理技术及应用 [M]. 北京：中国环境科学出版社.

郑久坤，杨军香. 2013. 粪污处理主推技术 [M]. 北京：中国农业科学技术出版社.

中国畜牧业年鉴编委会. 2007. 中国畜牧业统计年鉴 [M]. 北京：中国农业出版社.

中国畜牧业年鉴编委会. 2010. 中国畜牧业统计年鉴 [M]. 北京：中国农业出版社.

中国畜牧业年鉴编委会. 2011. 中国畜牧业统计年鉴 [M]. 北京：中国农业出版社.

中国环境年鉴编委会. 2010. 中国环境年鉴 [M]. 北京：中国环境年鉴出版社.

周家正，魏俊峰，闫振元，等. 2010. 环境污染治理技术与应用 [M]. 北京：科学出版社.

Bickert, W. G. 1995. Dairy freestall housing and equipment[J]. Midwest Plan Service.

Center, E. L. 2002. Beneficial Management Practices-Environmental Manual for Feedlot Producers in Alberta agdex 400/28-2.

Loudon, T. L. Jones, D. D., Peterson, J. B., Backer, L. F., Bragger, M. F., Converse, J. C., et al.1993. livestock Waste Facilities Handbook 8:2.1-2.2.